普通高等教育"十一五"国家级规划教材

谭浩强 主编

高职高专计算机教学改革**新体系**规划教材

单片机应用技术

唐英杰 编著

清华大学出版社
北京

内 容 简 介

本书通过大量的单片机应用案例详细而全面地阐述了单片机应用技术的基本概念和接口技术，包括如何进行接口电路设计和C语言程序的编写，并介绍了如何使用单片机技术开发及仿真软件进行单片机应用系统的开发过程。

每章的内容结构都是在简单介绍基本概念的基础上通过典型的案例来进一步描述软、硬件设计方法的相关知识，每个案例都提供了详细的电路设计图和程序代码，并介绍了如何使用单片机技术开发及仿真软件进行设计、开发和验证的过程，便于读者对所学内容的理解和掌握。每章最后都提炼出本章的重点概念并配有习题和练习。

本书适合作为高等职业院校计算机及相关专业单片机技术课程的教材，也可供初学者自学单片机技术使用。

图书在版编目(CIP)数据

单片机应用技术/唐英杰编著. —北京：清华大学出版社，2011.2
(高职高专计算机教学改革新体系规划教材)
ISBN 978-7-302-23163-9

Ⅰ. ①单…　Ⅱ. ①唐…　Ⅲ. ①单片微型计算机—高等学校：技术学校—教材
Ⅳ. ①TP368.1

中国版本图书馆 CIP 数据核字(2010)第 122435 号

责任编辑：张　景
责任校对：刘　静
责任印制：李红英
出版发行：清华大学出版社　　**地　　址**：北京清华大学学研大厦 A 座
http://www.tup.com.cn　　**邮　　编**：100084
社　总　机：010-62770175　　**邮　　购**：010-62786544
投稿与读者服务：010-62776969，c-service@tup.tsinghua.edu.cn
质　量　反　馈：010-62772015，zhiliang@tup.tsinghua.edu.cn
印 装 者：北京密云胶印厂
经　　销：全国新华书店
开　　本：185×260　**印　张**：13.75　**字　数**：308 千字
版　　次：2011 年 2 月第 1 版　**印　次**：2011 年 2 月第1次印刷
印　　数：1～3000
定　　价：25.00 元

产品编号：033654-01

丛书编委会

近年来，我国高等职业教育迅猛发展，目前，高等职业院校已占全国高等学校半数以上，高职学生数已超过全国大学生的半数。高职教育已占了我国高等教育的"半壁江山"。发展高职，培养大量技术型和技能型人才，是国民经济发展的迫切需要，是高等教育大众化的要求，是促进社会就业的有效措施，也是国际上教育发展的趋势。

高等职业教育是我国高等教育的重要组成部分，高职教育的质量直接影响了全国高等教育的质量。办好高职教育，提高高职教育的质量已成为我国教育事业中的一件大事，已引起了全社会的关注。

为了更好地发展高职教育，首先应当建立起对高职教育的正确理念。

高职教育是不同于普通高等教育的一种教育类型。它的培养目标、教学理念、课程体系、教学内容和教学方法都与传统的本科教育有很大的不同。高职教育不是通才教育，而是按照职业的需要，进行有针对性地培养的教育，是以就业为导向，以职业岗位要求为依据的教育。高职教育是直接面向市场、服务产业、促进就业的教育，是高等教育体系中与经济社会发展联系最密切的部分。

在高职教育中要牢固树立"人才职业化"的思想，要最大限度地满足职业的要求。衡量高职学生质量的标准，不是看学了多少理论知识，而是看会做什么，能否满足职业岗位的要求。本科教育是以知识为本位，而高职教育是以能力为本位的。

强调以能力为本位，并不是不要学习理论知识，能力是以知识为支撑的。问题是学什么理论知识和怎样学习理论知识。有两种学习理论知识的模式：一种是"建筑"模式，即"金字塔"模式，先系统学习理论知识，打下宽厚的理论基础，以后再结合专业应用；另一种是"生物"模式，如同植物的根部、树干和树冠是同步生长的一样，随着应用的开展，结合应用学习必要的理论知识。对于高职教育来说，不应该采用"金字塔"模式，而应当采用"生物"模式。

可以比较一下以知识为本位的学科教育和以能力为本位的高职教育在教学各个方面的不同。知识本位着重学习一般科学技术知识；注重的是系统的理论知识，讲求的是理论的系统性和严密性；学习要求是"了解、理解、掌握"；构建课程体系时采用"建筑"模式；教学方法采用"提出概念—解释概念—举例说明"的传统三部曲；注重培养抽象思维能力。而能力本位着重学习工作过程知识；注重的是实际的工作能力，讲求的是应用的熟练性；学习要求是“能干什么,达到什么熟练程度”;构建课程体系时采用“生物”模式;教学方法采用“提出问题—解决问题—归纳分析”的新三部曲;常使用形象思维方法。

近年来,国内教育界对高职教育从理论到实践开展了深入的研究,引进了发达国家职业教育的理念和行之有效的做法,许多高职院校从多年的实践中总结了成功的经验,有力地推动了我国的高职教育。再经过一段时期的研究与探索,会逐步形成具有中国特色的完善的高职教育体系。

全国高校计算机基础教育研究会于2007年7月发布了《中国高职院校计算机教育课程体系2007》(简称《CVC 2007》),系统阐述了高职教育的指导思想,深入分析了我国高职教育的现状和存在的问题,明确提出了构建高职计算机课程体系的方法,具体提供了各类专业进行计算机教育的课程体系参考方案,并深刻指出为了更好地开展高职计算机教育应当解决好的一些问题。《CVC 2007》是一个指导我国高职计算机教育的重要的指导性文件,建议从事高职计算机教育的教师认真学习。

《CVC 2007》提出了高职计算机教育的基本理念是:面向职业需要、强化实践环节、变革培养方式、采用多种模式、启发自主学习、培养创新精神、树立团队意识。这是完全正确的。

教材是培养目标和教学思想的具体体现。要实现高职的教学目标,必须有一批符合高职特点的教材。高职教材与传统的本科教育的教材有很大的不同,传统的教材是先理论后实际,先抽象后具体,先一般后个别,而高职教材则应是从实际到理论,从具体到抽象,从个别到一般。教材应当体现职业岗位的要求,紧密结合生产实际,着眼于培养应用计算机的实际能力。要引导学生多实践,通过“做”而不是通过“听”来学习。

评价高职教材的标准不是愈深愈好,愈全愈好,而是看它是否符合高职特点,是否有利于实现高职的培养目标。好的教材应当是“定位准确,内容先进,取舍合理,体系得当,风格优良”。

教材建设应当提倡百花齐放,推陈出新。我国高职院校为数众多,情况各异。地域不同、基础不同、条件不同、师资不同、要求不同,显然不能一刀切,用一个大纲、一种教材包打天下。应该针对不同的情况,组织编写出不同的教材,供各校选用。能有效提高教学质量的就是好教材。同时应当看到,高职计算机教育发展很快,新的经验层出不穷,需要加强交流,推陈出新。

从20世纪90年代开始,我们开始注意研究高职教育,并在1999年组织编写了一套“高职高专计算机教育系列教材”,由清华大学出版社出版,这是在国内最早出版的高职教材之一。在国内产生很大的影响,被许多高职院校采用为教材,有力地推动了蓬勃兴起的高职教育,后来该丛书扩展为“高等院校计算机应用技术规划教材”,除了高职院校采用之外,还被许多应用型本科院校使用。几年来已经累计发行近300万册,被教育部确定为“普通高等教育‘十一五’国家级规划教材”。

根据高职教育发展的新形势,我们于2005年开始策划,在原有基础上重新组织编写一套全新的高职教材——“高职高专计算机教学改革新体系规划教材”,经过两年的研讨和编写,于2007年正式由清华大学出版社出版。这套教材遵循高职教育的特点,不是根据学科的原则确定课程体系,而是根据实际应用的需要组织课程;书名不是按照学科的角度来确定的，而是体现应用的特点；写法上不是从理论入手，而是从实际问题入手，提出问题、解决问题、归纳分析、循序渐进、深入浅出、易于学习、有利于培养应用能力。丛书的作者大都是多年从事高职院校计算机教育的教师，他们对高职教育有较深入的研究，对高职计算机教育有丰富的经验，所写的教材针对性强，适用性广，符合当前大多数高职院校的实际需要。这套教材经教育部审查，已列入“普通高等教育‘十一五’国家级规划教材”。

本套教材统一规划，分工编写，陆续出版，逐步完善。随着高职教育的发展将会不断更新，与时俱进。恳切希望广大师生在使用中发现本丛书不足之处，并不吝指正，以便我们及时修改完善，更好地满足高职教学的需要。

全国高校计算机基础教育研究会 会长
“高职高专计算机教学改革新体系规划教材”主编 谭浩强

从 20 世纪末开始，单片机的应用获得了飞速的发展。在大到军事设备、大型医疗设备、汽车电子设备，小到洗衣机、电冰箱等家用电器的设计等领域中，单片机技术越来越发挥着重要的作用。在科研和教学领域，单片机应用技术也越来越受到重视，以全国大学生电子设计竞赛为例，需要采用单片机技术实现系统功能的题目超过了全部赛题的 1/3。现在全国绝大部分电气信息类本专科专业均开设了单片机应用技术的相关课程，而且对实践环节的要求也越来越高。

长期以来，我们在大学生电子设计竞赛以及其他学科竞赛的培训中积累了很多经验。在此基础上，根据单片机应用技术的教学特点，采用由简至难，带任务学习的方法，编写了这本教材。本教材的编写思想不是讲述深奥的理论、枯燥的指令系统和难以掌握的汇编语言程序设计，而是以案例为主线，采用高级语言编写程序，并辅助以单片机技术开发及仿真软件的使用，使读者能在每一个案例的实现中，观察到设计的实现效果，体会到设计的乐趣，加深对所学知识的理解。通过本书的学习，能使读者在短时间内掌握单片机开发技术的基本方法，能进行简单的单片机应用系统的设计，初步具备单片机应用系统设计开发能力。

全书共分 11 章：第 1 章介绍了单片机最小系统的构成以及系统测试的实现过程；第 2 章介绍了基于单片机的 C 语言的构成与相关开发、仿真软件的功能与使用；第 3 章介绍了单片机并行接口技术；第 4 章介绍了中断的基本概念、中断服务程序的编写和中断技术的应用；第 5 章介绍了定时器/计数器的使用；第 6 章介绍了串行通信技术的基本概念以及单片机串行口的使用技术；第 7 章介绍了存储器的基本知识以及常用存储器的扩展技术；第 8 章介绍了七段数码管以及点阵 LED 的应用技术；第 9 章介绍了键盘接口技术；第 10 章介绍了 A/D、D/A 的基本概念以及相关接口技术；第 11 章将上述所学的知识综合起来，以案例的形式介绍了三种单片机应用系统的设计。

本书主要章节由唐英杰编写，方伟、罗文秋参与了本书的案例设计和文字校对，刘继勇、姜启渭参与了部分案例的设计工作。

由于编者水平有限，加之编写时间仓促，书中疏漏之处在所难免，恳请广大读者批评指正。

编　者

2011 年 1 月

目录

第1章

单片机最小系统

通过本章的学习，应该掌握：

(1) 单片机系统的最小组成

(2) 单片机的选择

(3) 晶振典型电路

(4) 复位原理及典型电路

(5) 单片机系统调试与仿真技术

1.1 单片机概述

所谓单片机(Single-Chip Microcomputer,SCM)就是将电子计算机的基本环节,如中央处理器(CPU)、随机存储器(RAM)、只读存储器(ROM)、定时器/计数器和一些输入/输出(I/O)接口电路、总线(BUS)等,都集成在一块芯片上的微型计算机。由于单片机体积小、功能强、价格低,因而广泛应用在电子设备中作为控制器使用。

目前,大到导弹、火箭等国防尖端武器,小至电视机、微波炉等现代家用电器,都毫无例外地运用单片机作为控制器。因此,从控制的观点,单片机也常称单片微控制器(MicroController Unit,MCU)。

中央处理器包括运算器、控制器和寄存器,是单片机的核心。

存储器是用来存放数据和程序的,在单片机芯片中包含两类存储器:RAM和ROM。RAM可以被CPU随机读写,但单片机断电后,所保存的信息就会消失,一般用来存放临时数据;ROM中的信息只能被CPU读取,CPU不能对它进行写操作,通常用于存放系统程序和固定的表格数据。ROM中的内容只能通过专用的编程器事先写入。

输入/输出接口是单片机与外围设备连接的桥梁,单片机和外围设备(如键盘、显示器等)之间信息的传送全部通过输入/输出接口来实现。

总线就是连接各部件的信号线的总称,主要是用来传送数据、地址和控制信息。

8051系列单片机是在Intel公司于20世纪80年代推出的MCS-48系列单片机的基础上发展的高性能8位单片机,它在一个芯片内集成了RAM、ROM、16位定时器/计数器、并行I/O口、异步串行口以及一些其他的功能部件。除了Intel公司之外,Atmel、AMD、Philips、Siemens等公司也都推出了以8051为内核的8位单片机,同时在芯片中还集成了更多的功能部件,如A/D转换(模/数转换)、D/A转换(数/模转换)、WDT(把关定时器,俗称看门狗)等。尽管这些单片机具有各自的功能特点,但由于具有同样的8051的内核,它们的指令系统彼此兼容,可以使用相同的开发工具。

图1-1所示为常用的单片机AT89C51芯片的实物外观,图1-2为它的引脚分布图。

8051(MCS-51系列)单片机的基本结构如图1-3所示,一个单片机芯片包括以下部件。

图1-1 AT89C51芯片外观

(1) 中央处理器(CPU)。

(2) 内部数据存储器RAM。

(3) 内部程序存储器ROM(有的型号没有)。

(4) 4个8位并行I/O接口(P0、P1、P2、P3)。

(5) 2～3个可编程定时器/计数器。

(6) 1个可编程串行接口。

(7) 内部中断具有5个中断源、2个优先级的嵌套中断结构,可实现二级中断嵌套。

(8) 1个片内振荡器及时钟电路,振荡时钟频率可以高达40MHz。

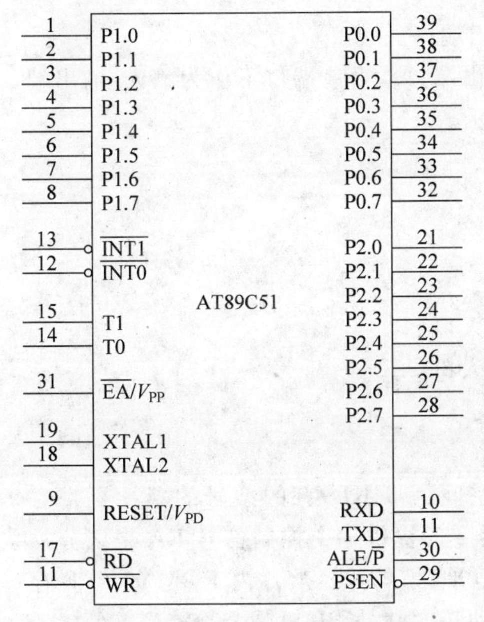

图 1-2 AT89C51 芯片引脚分布图

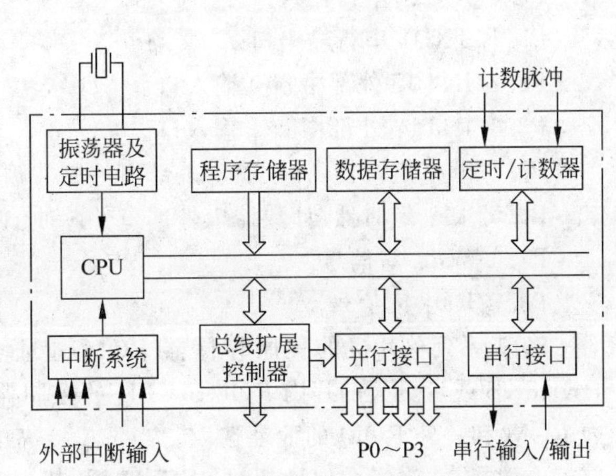

图 1-3 MCS-51 系列单片机内部结构框图

MCS-51 单片机的引脚定义及功能简述如下。

1. 电源

V_{CC}(引脚号 40)：芯片电源，接＋5V。

V_{SS}(引脚号 20)：接地端，有时写成 GND。

2. 时钟

XTAL1(引脚号 19)：内部振荡电路反相放大器的输入端，是外接晶振的一个输入引脚。

XTAL2(引脚号 18)：内部振荡电路反相放大器的输出端，是外接晶振的另一个输入引脚。

3. 控制总线

ALE/$\overline{\text{P}}$(引脚号 30)：地址锁存允许，主要功能是提供一个定时的时钟。

$\overline{\text{EA}}/V_{PP}$(引脚号 31)：访问外部存储器控制信号。如果使用内部 ROM 作为程序存储器，此引脚需接高电平(V_{CC})；如果使用外部 ROM 作为程序存储器，则要将此引脚接地。

RESET/V_{PD}(引脚号 9)：复位信号输入端。当该引脚出现两个机器周期以上的高电平时，单片机进行复位。该引脚还可作为备用电源输入端使用，当系统主电源发生故障，降低到规定的电压以下时，可以通过 V_{PD} 端为单片机提供备用电源，以保证存储在单片机中的 RAM 中的信息不会丢失。

$\overline{\text{PSEN}}$(引脚号 29)：外部程序存储器 ROM 读选通信号。当单片机需要从外部 ROM 读取指令或数据时，此引脚输出低电平信号。

4. 输入/输出

P0.0～P0.7(引脚号 32～39)：双向输入/输出端口。

P1.0～P1.7(引脚号 1～8)：双向输入/输出端口。

P2.0～P2.7(引脚号21～28)：双向输入/输出端口。

P3.0～P3.7(引脚号10～17)：双向输入/输出端口。当该端口不作为输入/输出端口使用时，每一个引脚也可以有第二功能，如下所示。

P3.0/RXD：串行输入口。

P3.1/TXD：串行输出口。

P3.2/INT0：外部中断0输入口。

P3.3/INT1：外部中断1输入口。

P3.4/T0：定时器/计数器0外部事件脉冲输入口。

P3.5/T1：定时器/计数器1外部事件脉冲输入口。

P3.6/WR：写信号。

P3.7/RD：读信号。

8051系列单片机的程序存储器ROM地址空间为64KB，有的型号的单片机带有4KB、8KB或者更大的片内ROM。CPU的控制器专门提供一个控制信号EA来区分片内ROM和片外ROM的地址选取。当EA接高电平时，单片机从片内ROM的4KB存储器中取指令，当指令地址超过0FFFH后，就自动转向片外ROM取指令；当EA接低电平时，所有的取指令操作均对片外ROM进行。

当选用片内ROM作为程序存储器时，一定要将EA接高电平(+5V)。对于无片内ROM需要使用片外程序存储器的单片机，EA必须接地。

1.2 单片机最小系统的构建

对于一个典型的单片机应用系统而言，主要是由单片机、晶振电路、复位电路、输入/输出接口电路、外围功能器件等几部分组成的。

单片机的最小系统是指单片机能正常工作所必需的基本电路，主要由单片机、复位电路、晶振电路构成，如果采用的是不带内部ROM的单片机，还需要有外部ROM扩展电路。

1.2.1 单片机的选择

目前单片机的种类主要有8位单片机和16位单片机。8位单片机中主要有8051系列单片机，该系列包括了很多种类，如Intel公司的8031、8051、8751、8032、8052等。由于Intel公司将8051内核授权给了其他公司，所以也有很多公司生产具有8051内核的单片机。除了8051系列的单片机之外，还有一些其他的单片机系列，这些单片机和8051系列单片机由于指令系统不同而彼此不兼容，如Atmel公司的AVR、Microchip公司的PIC系列单片机。

单片机的种类很多，要根据实际设计要求、单片机的功能以及价格来选择合适的单片机。表1-1、表1-2、表1-3分别为常用的8051系列单片机、AVR系列单片机和PIC单片机的型号和内部硬件资源表。

表 1-1　常用 8051 单片机内部硬件资源表

型　号	片内 ROM/B	片内 RAM/B	I/O 口线	中断源	定时/计数器	A/D
Intel 8031	—	128	32	5	2	
Intel 8751	4K(EPROM)	128	32	5	2	
Intel 8051	4K	128	32	5	2	
Intel 80C51GA	4K	128	32	7	2	4 通道 8 位 A/D
AT89C51	4K(Flash ROM)	128	32	5	2	
AT89C52	8K(Flash ROM)	256	32	8	3	
AT89C1051	1K(Flash ROM)	64	15	3	1	
AT89C2051	2K(Flash ROM)	128	15	6	2	
AT89LV51	4K(Flash ROM)	128	32	6	2	
AT89LV52	8K(Flash ROM)	256	32	8	3	
AT89LV55	20K(Flash ROM)	256	32	6	2	

表 1-2　常用 AVR 单片机内部硬件资源表

型　号	Flash ROM/B	EEPROM/B	RAM/B	I/O 口线	定时/计数器	A/D
AT90S1200	1K	64		15	1	
AT90S2313	2K	128	128	15	2	
AT90S2333	2K	128	128	20	2	6 通道 10 位 A/D
AT90S4433	4K	256	128	20	2	6 通道 10 位 A/D
AT90S4414	4K	256	256	32	2	
AT90S8614	8K	512	512	32	2	
ATmega16	16K	512	1K	32	2	8 通道 10 位 A/D
ATmega128	128K	4K	4K	53	4	8 通道 10 位 A/D

表 1-3　常用 PIC 单片机内部硬件资源表

型　号	片内 ROM/B	片内 RAM/B	I/O 口线	中断源	定时/计数器	其　他
PIC10F200	256	16	4		1	
PIC10F202	512	24	4		1	
PIC16C62B	2K×14b	128	22	7	3	
PIC16C72A	2K×14b	128	22	8	3	5 通道 8 位 A/D
PIC16F870	2K×14b Flash ROM 64×8b EEPROM	128	22	10	3	5 通道 10 位 A/D
PIC18F1220	4K×8b Flash ROM 256×8b EEPROM	256	16	15	4	7 通道 10 位 A/D

本教材主要以目前较为流行的 8051 单片机为主，在案例中选用的是 MCS-51 系列单片机中的 AT89C51 单片机。

1.2.2 晶振电路的设计

在设计单片机系统电路时，晶振电路是不可缺少的。在计算机系统中，所有的工作都是在同一个节拍(时钟)下同步工作，这样才不会出现冲突。时钟的快慢决定了系统的工作效率，通常所说的计算机的主频就是指系统时钟的频率。而在计算机系统中，系统时钟是由晶振电路来提供的，可以说晶振电路是计算机系统的心脏。

晶振一般分为晶体振荡器和晶体谐振器两种，图 1-4 为常见的晶体振荡器，图 1-5 为晶体谐振器。

图 1-4 晶体振荡器

图 1-5 晶体谐振器

在单片机系统中，晶体振荡器可以直接接到单片机上，而不需要额外的电路。只需要将电源加载到晶振上，晶振就可以直接起振。晶体谐振器是比较常用的一种晶振，需要有外部的电路才可以起振。

单片机系统中晶振的使用有两种方式，分别为内部时钟方式和外部时钟方式。外部时钟方式具体连接如图 1-6 所示。根据单片机的型号不同，选择不同的连接方式，HMOS 型单片机的时钟引脚 X1(XTAL1)接地，X2(XTAL1)接外部信号；CMOS 型单片机则是 X2 悬空，X1 接外部信号。

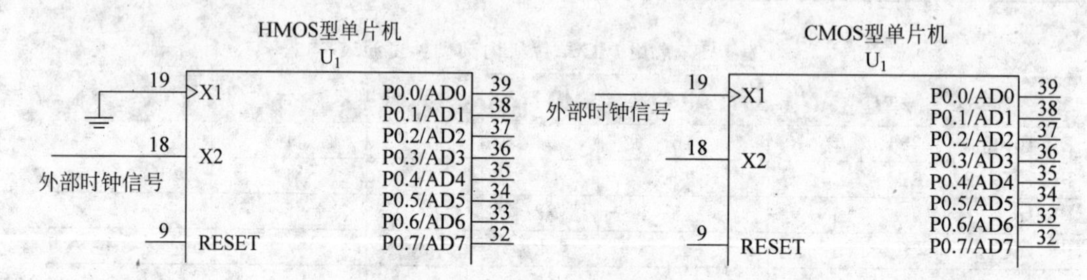

图 1-6 单片机的外部晶振电路

内部时钟方式一般采用晶体谐振器，晶振频率一般在 4～24MHz 之间，外接两个谐振电容。电容值一般选择 30pF，但是在实际应用时，可以根据实际情况选择，在本书的案例中选用 33pF，具体电路如图 1-7 所示。

特别提醒：

(1) 在单片机中，晶振电路的设计一定要和单片机靠近，路线尽量短。晶振电路一定要和同一时钟的芯片共接地。

(2) 在晶振频率的选择上，在满足系统需要的前提下尽可能地选用低频率的晶振，这样可以降低系统功耗。

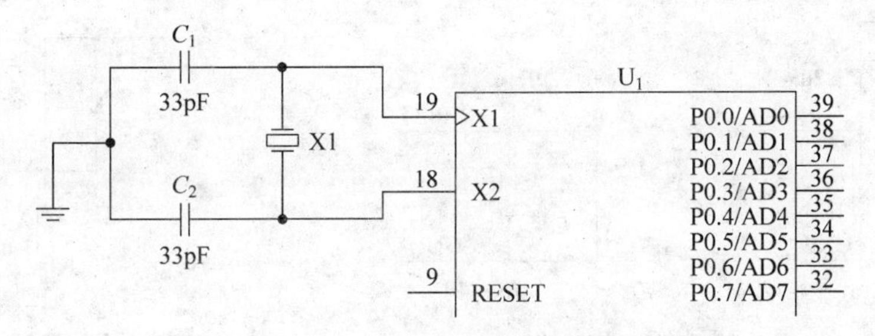

图 1-7 单片机的内部晶振电路

单片机以晶振的振荡周期为最小的时序单位，单片机内部的所有操作都以此周期为时序基准。单片机指令的基本执行时间为一个机器周期，一个机器周期由 6 个状态周期组成，每个状态周期又分成两个振荡周期。假如采用的是一个 12MHz 的晶振，那么系统的各子时序单位大小分别如下：

振荡周期=1/(12MHz)=0.0833μs

状态周期=2/(12MHz)=0.167μs

机器周期=12/(12MHz)=1μs

MCS-51 系列的单片机指令执行的时间大约在 1～4 个机器周期。

1.2.3 复位及复位电路的设计

在单片机系统中，复位电路是不可缺少的。单片机在正常工作(即执行指令)前，必须进行复位操作，目的是使 CPU 以及系统中其他部件都处于一个明确的初始状态，便于系统启动。如复位后，单片机从程序存储器中地址为 0000H 的存储单元中取出第一条指令开始执行。由于 MCS-51 系列的单片机不能自动进行复位操作，所以必须要外接一个复位电路。要实现复位操作，必须使单片机 RESET 引脚至少保持两个机器周期以上的高电平，假设系统采用 6MHz 的晶振，则复位信号至少要保持 4μs 以上的高电平。在实际系统中，考虑到系统电源电压的上升时间和晶体振荡器的起振时间，为了保证系统能可靠复位，复位信号应该至少维持 20ms 以上高电平。

单片机的复位电路有很多种，主要分为加电复位和外部复位两种。常见的加电复位电路如图 1-8 所示。

在图 1-8(a)中，当系统加电时，电容两端相当于短路，于是 RESET 输出高电平，然后电源通过电阻对电容充电，RESET 端电压逐渐降低，降到一定程度，变为低电平，复位结束，单片机开始执行第一条指令，进行正常工作。在图 1-8(b)中，在电阻的两端并接了一个二极管，这种电路可以增强单片机中复位电路抗干扰的能力，二极管可以快速释放电容中的电荷量，满足短时间复位的要求。

在系统运行过程中，如果出现死机或者其他的一些意外情况需要系统重新开始工作时，就需要通过手动来进行复位操作，此时，就需要外部复位电路。外部复位电路有很多种，图 1-9 所示的是比较常用的一种。

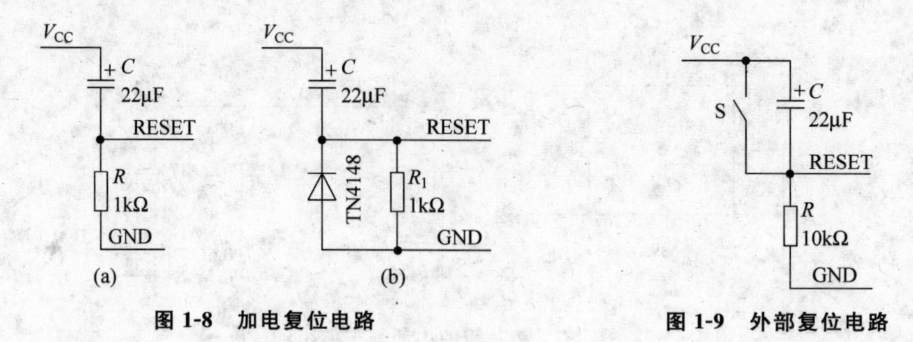

图 1-8 加电复位电路

图 1-9 外部复位电路

在系统电源正常供电时，按下复位按钮 S，则 RESET 输出一个高电平信号，强行对系统进行复位操作。

1.3 基于最小系统的功能测试

1.3.1 发光二极管控制电路的设计

可以利用上面所学的知识来构建一个单片机最小系统，并且利用它来实现 LED(发光二极管)亮灭的控制。具体电路设计图如图 1-10 所示。

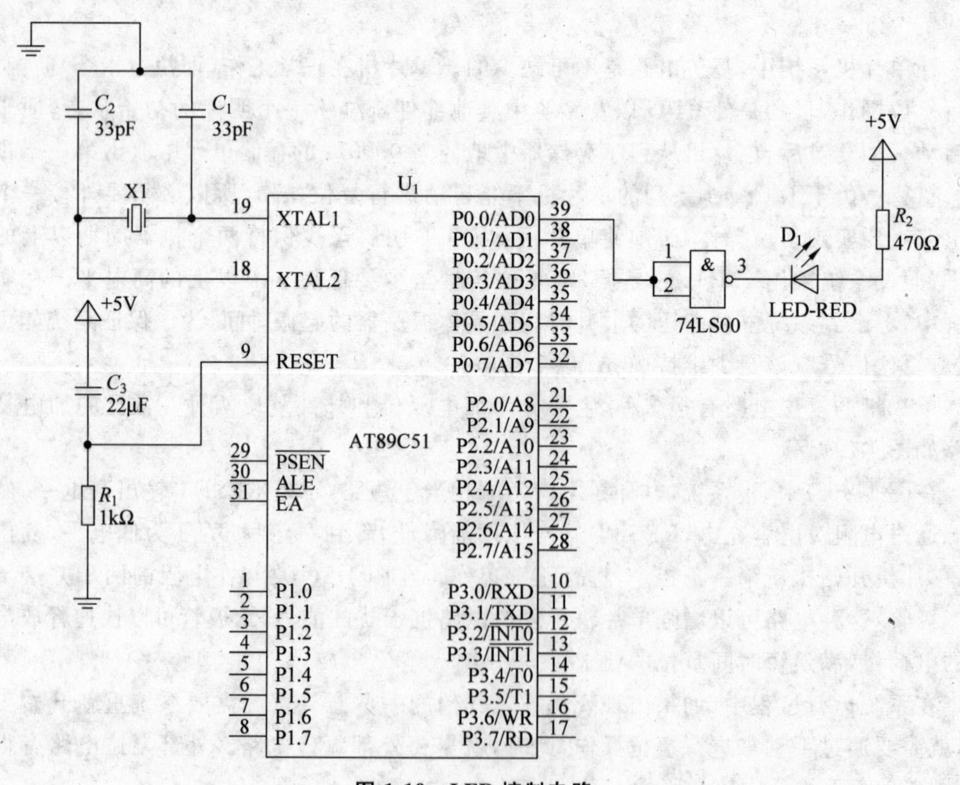

图 1-10 LED 控制电路

在图1-10中可以看到，晶振电路和复位电路是不可缺少的。由于要控制一个发光二极管的亮灭，所以可以通过单片机的一个I/O端口（如P0.0）发出控制信号来控制LED的亮灭。当P0.0输出控制信号为高电平时，与非门输出低电平，LED有电流通过，LED点亮。反之，P0.0输出低电平控制信号，LED熄灭。在电路中，电阻R_2是用来限制电流大小的，以保证LED不会被烧毁。电阻R_2选用470Ω，这样流过LED的电流约为10mA。由于单片机的输入/输出（I/O）引脚的驱动能力不足，使用与非门（74LS00）来增强驱动能力。如果不使用与非门，直接将输出控制信号接到LED上，有可能会因为电流过大而损坏单片机。

1.3.2　测试程序的编写

单片机应用程序可以采用汇编语言来编写，也可以使用C语言来实现。在本书中，采用大家比较好掌握的C语言编写单片机的应用程序。下面就是一个使用C语言来实现LED灯控制的程序。

```
#include    <reg51.h>
    sbit   P0_0 = 0x80;                 // 定义P0.0为P0端口第0位
    void  Delay(int Time_ms);           // 延时子程序

void main(void)
{
    P0 = 0;                             // P0端口全部输出低电平
    while(1)
    {
     P0_0 = 0 ;                         // LED灯灭2s
     Delay (2000);
     P0_0 = 1;                          // LED灯亮2s
     Delay (2000);
     }
    return;
}

/******************** 延时程序,输入的参数为毫秒数 ***********************/
void Delay(int Time_ms)
{
   int i;
   unsigned char j;
   for(i = 0;i < Time_ms;i ++ )
       {
         for(j = 0;j < 150;j ++ )
         {
         }
       }
}
```

其中第一行的＃include <reg51.h>是必须有的，reg51.h是对51单片机内部资源的地址和一些常量进行定义说明的一个头文件，以后只要是8051单片机C语言的应用程序，这条语句一定要写上，将会在第2章对这个头文件进行详细讲解。

第2行是将符号P0_0和P0端口的第0位的地址相对应。

第3行是对将要使用的一个子函数（延时子程序）进行声明。

在主函数中，对P0_0赋0值则意味着从单片机的P0端口的第0位输出一个低电平，从图1-10的电路设计图中可以看出，此时与非门的输出为高电平，LED灯没有电流流过，这时LED灯不会点亮。当P0_0＝1时，LED灯就会亮起。

在程序中调用了一个延时子程序Delay()，它的主要作用就是让单片机空转，消耗所需要的时间，这是一个比较常用的子程序，也会在后续的章节中进行仔细地分析。

1.3.3 仿真与分析

当电路设计好，程序也编写完成后，就可以来看看效果如何了。可以使用软件来仿真运行，通过观察运行的结果判断出程序和电路设计中出现的问题并进行修改。

这时需要准备两个设计单片机系统常用的软件，一个是单片机软件开发工具Keil μVision2，另一个是单片机仿真软件Proteus。这两个开发工具软件的具体安装和使用也将在第2章中详细讲解。

首先进行应用程序的录入、编译和调试。

打开Keil μVision2，在工程项目菜单中，选择New Project命令，如图1-11所示。

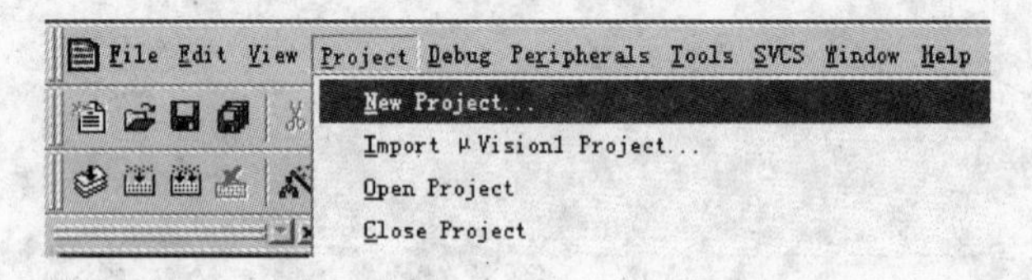

图1-11 建立新工程项目

在出现的对话框中填入项目名称，如test1，并将之保存在选定的目录中。在随后出现的器件选择对话框（如图1-12所示）中选择Atmel公司的AT89C51。

在“文件”菜单中，选择New命令，便会出现一个文本输入的界面，输入程序代码，然后给文件取名并存盘。注意：文件名后面一定要加上文件后缀名.c。

在开发软件界面左侧的目标管理窗口中，移动鼠标在Source Group处右击，再单击Add Files to Group‘Source Group 1’选项，如图1-13所示。在打开的对话框中，将刚建立的程序文件添加到项目组中。

然后要对项目的选项做一下设置。在Project选项中，单击Options for Target‘Target 1’命令，便会出现图1-14所示的对话框。

在Target选项卡中，将时钟定义为6MHz，并选中Use On-chip ROM复选框。在Output选项卡中选中Create HEX Files复选框，单击“确定”按钮。

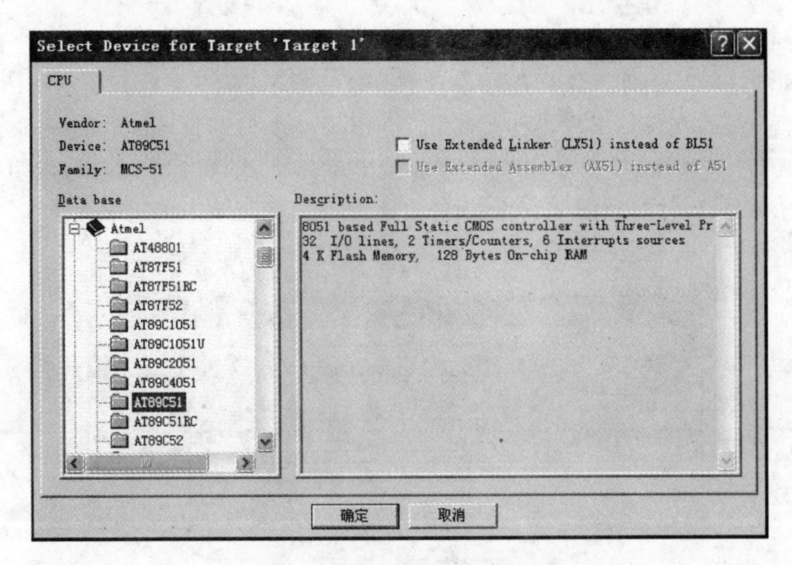

图 1-12　单片机器件选择对话框

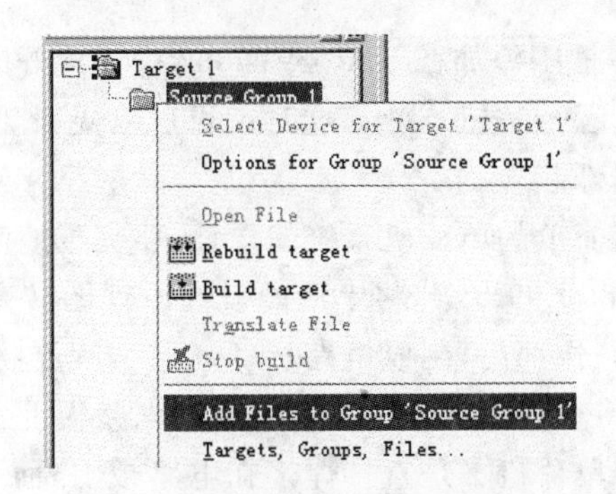

图 1-13　添加文件到项目组

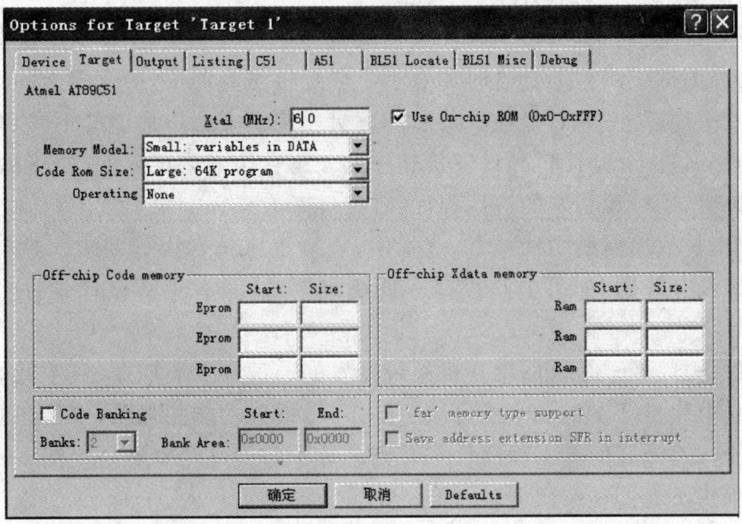

图 1-14　项目选项对话框

在 Project 菜单中，单击 built Target 命令(或按 F7 键)，开始编译，最后生成一个和 C 文件名相同的. HEX 文件。这样程序设计部分就完成了，接下来就开始系统仿真工作。

打开 Proteus，在设计工作界面上右击，会出现一个对话框，在 Place→Component→From Libraries 选项中，根据电路设计分别调出单片机 AT89C51、晶振、电阻、电容和发光二极管(LED)等，并按照图 1-10 所示的电路图将这些元件连接起来。

双击单片机芯片，则会出现一个元件编辑对话框，如图 1-15 所示。

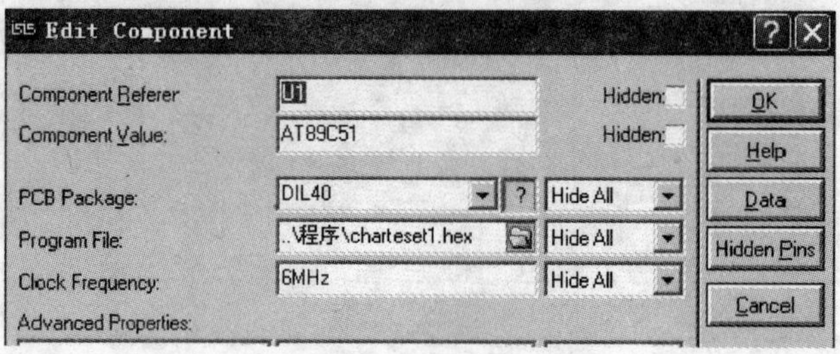

图 1-15 元件编辑对话框

在 Program File 文本框中添加在 Keil μVision2 中编译好的. HEX 程序，接着单击设计工作界面左下角的仿真运行按钮，这时就可以看见设计工作界面中的 LED 灯开始按照程序设计的要求闪烁起来。

现在已经完成了一个简单的单片机系统的设计，要真正地实现这样一个系统，还需要通过电路制板软件(如 Protel 99 SE)，将上面的设计原理图转变成电路制板用的 PCB 板图，发送到专业的电路板制作部门，制成电路板。通过编程器将程序(HEX 文件)下载到单片机的程序存储器中，将单片机和其他元件焊接到电路板上，通电后系统即可工作。一般情况下，在制作样机时，单片机不是直接焊接在电路板上，而是焊接一个和单片机相适配的插座。当运行程序需要修改时，只需要将单片机从插座上取下，重新放到编程器上，将修改好的程序代码下载到单片机上就行了。

如果不用软件仿真，也可以使用硬件仿真的方法。这种方法一般是在做好了电路板的基本上，仿真调试应用程序。这时需要一个单片机仿真器，将仿真器上的仿真头插入电路板上的单片机插座中，同时将仿真器和计算机相连。根据仿真器的不同，有的是通过串行口，也有的是通过 USB 接口和计算机相连的。运行仿真调试软件(如伟福 WAVE)，设置好相关参数后，运行编写好的应用程序，观察实际效果。如果出现不符合设计要求的情况，使用调试工具找出问题的症结，修改程序，直至程序符合设计要求。这样做的前提是硬件电路设计没有问题，如果电路设计不能满足要求，只有重新设计硬件电路并制作电路板。

采用软件仿真、调试是目前单片机系统开发的一种开发周期短、成本低的方式。

编程器是单片机开发中一个不可缺少的工具，根据功能的强弱，价格在几百元到几千元不等。它能将编译好的应用程序代码写到芯片中的程序存储器中。图 1-16、图 1-17 分别是一种常用的仿真器和编程器。

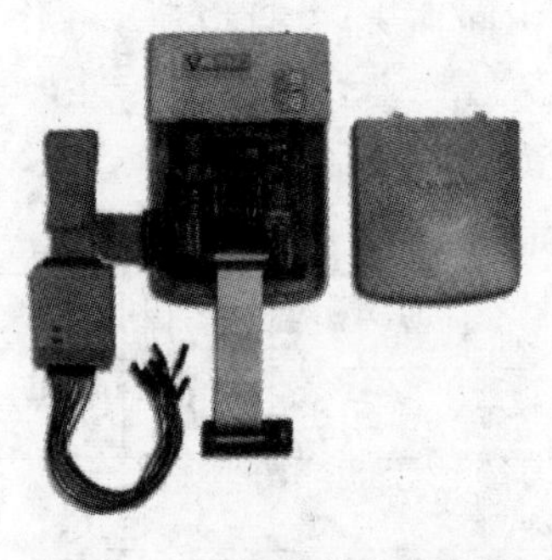

图 1-16　通用单片机仿真器

图 1-17　通用单片机编程器

1.3.4　系统电源设计

在单片机系统设计中,电源是最容易被初学者遗忘的。往往在电路板制作好后,才发现没有考虑系统供电问题。

单片机系统的供电一般采取两种方式:一种采用外部供电方式,直接购买系统合适的直流电源(比较常见的是开关电源),在制作电路板时,要考虑加上引入电源的接口端子;另一种是内部供电方式,在系统电路设计时,要考虑直流电源的设计。

MCS-51 系列的单片机需要的电源为+5V 左右,可是在单片机系统中往往所需的电压不止这一种,可能会有-5V、+3.3V、±12V 等。如果现有的开关电源不能提供所需要的电源时,就需要自己设计合适的电源。

下面是一些比较常用的单片机电源设计方案。

1. 单一的+5V 电源

在单片机系统中,如果只使用单一的+5V 电源,可以在系统中加入如图 1-18 所示的电源电路。

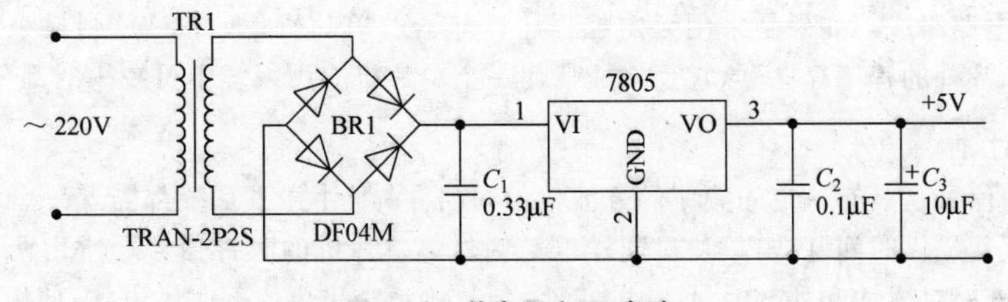

图 1-18　单电压+5V 电路

220V 的交流电通过一个变压器转变成+9V 的交流电,再通过一个整流桥变成直流电,再用三端稳压模块 7805 将电压稳定在+5V。

2. ±5V 电源

有的单片机系统可能需要双电压给系统中的一些芯片供电,如 A/D、D/A 转换芯片,可能需要±5V 或者±12V 电源。图 1-19 给出了一个常用的±5V 电源的电路。和单电压电路不同的是，双电压电路中的变压器的次线圈有中间抽头，并且增加了一个－5V 的稳压模块 7905。

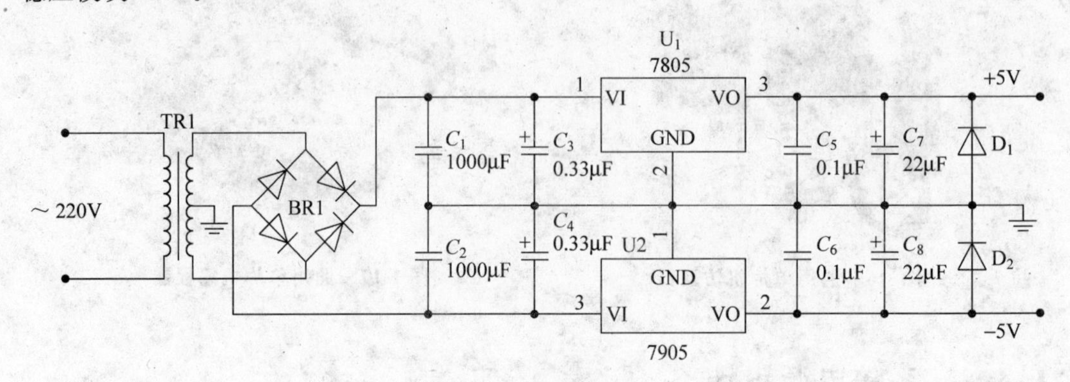

图 1-19 双电源电路

如果单片机系统中还需要其他的供电电压(如 3.3V、±12V 等)，可以参考本例选用合适的稳压模块或参考相关的资料。

1.4 总结

1. 单片机内部结构

单片机的内部由微处理器(CPU)、数据存储器、程序存储器、定时器/计数器、串行通信接口和并行输入/输出(I/O)接口等单元组成。它将这些部件全部集成在一个芯片上，故称单片机。

2. 单片机最小系统

单片机最小系统是构成单片机应用系统的最小组成部分，它主要由单片机、晶振电路、复位电路组成。如果是采用无内部程序存储器的单片机(如 8031)，则最小系统还要加上一个片外的程序存储器，它是构成任何一个单片机应用系统不可缺少的部分。

3. 时钟

时钟信号是具有一定的频率的方波信号，任何一个计算机系统都需要一个时钟信号为它的操作提供时间基准，单片机同样也不例外。单片机的时钟信号通常由两种方式得到，即内部时钟方式和外部时钟方式。通常单片机系统采用内部时钟方式，使用晶体谐振器(晶振)和两个起振电容构成时钟电路。

4. 复位电路

在系统加电或按下复位按钮时，复位电路能向单片机发出复位信号，该信号为高电平有效信号，同时具有一定的时间宽度。通常复位电路由电阻和电容组成，有加电复位电路和外部复位电路两种形式。

5. 单片机应用系统开发与仿真过程

具体步骤如下。

(1) 使用工具软件 Proteus 绘制单片机应用系统原理图。根据实际需要选择合适的单片机和元器件。绘制好晶振电路和复位电路,并按照设计要求连接外部器件。

(2) 在 Keil μVision2 中对 C 语言应用程序进行编译和调试,最终生成.HEX 文件。

(3) 在 Proteus 中的单片机中添加.HEX 文件,进行仿真。

(4) 观察仿真的结果,如果出现问题,判断问题是硬件电路设计不当还是程序设计错误造成的,如果是前者,则返回第(1)步;如果是后者,则返回第(2)步。修改后,再进行仿真,直至达到预期的效果。

1.5 知识扩展

1. 随机存储器

随机存储器 (Random Access Memory,RAM)是一种可以随机地写入和读出数据的半导体存储器。RAM 的优点是存取速度快、读写方便,缺点是数据不能长久保持,断电后自行消失,因此主要用于计算机主存储器等要求快速存储的系统。

随机存储器按工作方式不同,可分为静态随机存储器和动态随机存储器两类。静态随机存储器(SRAM)读取数据速度快、接口电路简单,但是功耗大、单位价格偏高,在计算机系统中,往往在需要高速数据存取时,采用 SRAM 作为存储器。动态随机存储器(DRAM)由于数据以电荷形式存放在电容之中,需每隔 2～4ms 对单元电路存储信息重写(刷新)一次,因此接口电路较复杂,但是由于集成度高、价格低廉,现在计算机内存基本上都采用 DRAM。

2. 只读存储器

只读存储器(Read Only Memory,ROM)是只能读出事先存好数据的固态半导体存储器。ROM 所存数据一般是通过编程设备事先固化在存储器中的,在工作过程中只能读出数据,不能写入数据。ROM 所存数据稳定,断电后也不会改变,因而常用于存储各种固定程序和数据。

只读存储器一般可分成掩膜式只读存储器、可编程只读存储器(PROM)、紫外线可擦可编程只读存储器(EPROM)、电可擦可编程只读存储器(EEPROM)以及闪速存储器(Flash ROM,闪存)。

掩膜式 ROM 中的数据是芯片制造商在制作芯片时就确定了的,往往用于芯片量产的时候。PROM 中的数据是用户使用编程设备一次性写入的,但不能对写入的数据做再次修改,所以在研制器件产品时,如果采用 PROM 作为存储器,会使研制成本大幅提高。EPROM 中的数据可以利用紫外光照射擦除,芯片可以重复使用,但是可擦写的次数有限,而且使用不是很方便。电可擦除的 EEPROM 以及 Flash ROM 则克服了 EPROM 的不足,可以在线写入数据和读出数据,而且可擦写的次数也较 EPROM 大幅提高,其中

EEPROM 的可擦写次数可以达到 10 万次，Flash ROM 的可擦写次数可以达到 100 万次以上。目前在单片机系统中使用的只读存储器基本上都是这两种，如 AT89C51 单片机中就有 4KB 的 Flash ROM。

3. 单片机存储器组织

在 MCS-51 系列单片机内部的存储器分成两个部分，一部分是用来存放应用程序和表格数据的存储器，称为程序存储器，一般由 EPROM、EEPOM 或 Flash ROM 组成，其内容是由开发人员通过编程器写入的，在使用过程中其内容不能被修改。另一部分是用来存放在程序运行过程产生的或从外部设备输入的一些临时数据或变量，称为数据存储器，一般由 RAM 构成。

其中程序存储器又分为片内程序存储器和片外程序存储器两种。程序存储器以 16 位的程序计数器 PC 作为地址指针，可寻址空间为 64KB，也就是说可以为单片机系统配置 64KB 的程序存储器。从表 1-1～表 1-3 可以看到，有的单片机内部自带程序存储器(ROM)，而有的单片机(如 8031)内部没有 ROM，则需要外接程序存储器。

数据存储器也有片内和片外两种。一般普通型的 MCS-51 系列单片机内部都会有 128B 的数据存储器和 128B 的特殊功能寄存器，增强型的单片机内部会有 256B 的数据存储器和 128B 的特殊功能寄存器。片内的数据存储区间一般分为工作寄存器组区、位寻址区和数据缓存区 3 部分。

数据存储器的 00H～1FH 单元共 32 个存储单元构成了单片机工作寄存器组，每 8 个存储单元组成一个组，一共有 4 组，分别称为工作寄存器组 0～3。工作寄存器组中的每一个存储单元都作为一个寄存器使用，可以用它的实际物理地址表示，也可以写成 R0～R7。单片机在实际使用时，只能使用一组工作寄存器。至于选用哪一组，则由程序状态字(PSW)中的 D4、D3 位(RS1、RS0)来确定。CPU 通过指令对这两个位进行修改，就能选用任何一个工作寄存器组。这个特点给软件设计带来很大的方便，特别是在调用中断服务程序时，可以实现现场保护。在程序运行时，没有使用的工作存储器组可以作为一般的数据存储器使用。

数据存储器的 20H～2FH 单元为位寻址区域，这 16 个单元的每一位都有一个位地址，位地址范围为 00H～7FH。通常把各种程序状态标志、位控制变量放在位寻址区中。CPU 可以通过位操作指令直接对位寻址区中的每一个位进行操作。

数据存储器的 30H～7FH 单元为数据缓存区，一般用于存放程序运行过程中的一些临时变量、数据等。通常堆栈也会占用这部分空间。

4. 特殊功能寄存器

MCS-51 系列的单片机中的定时器/计数器、串行口、并行口、数据缓冲区以及各种控制寄存器和状态寄存器都是以特殊功能寄存器(SFR)的形式出现的，在单片机中共设置了 21 个具有特殊功能的寄存器，它们分散地分布在 RAM 中 80H～FFH 的空间中，其具体的名称、地址和说明见表 1-4。

关于这些特殊功能寄存器的具体功能和使用，将在后续章节叙述。

表1-4 特殊功能寄存器

符号	地址	说明	符号	地址	说明
P0	0x80H	并行口0	TCON	0x88H	定时器控制寄存器
P1	0x90H	并行口1	TMOD	0x89H	定时器方式选择寄存器
P2	0xA0H	并行口2	TL0	0x8AH	定时器0低8位
P3	0xB0H	并行口3	TL1	0x8BH	定时器1低8位
PSW	0xD0H	程序状态字寄存器	TH0	0x8CH	定时器0高8位
ACC	0xE0H	累加器	TH1	0x8DH	定时器1高8位
B	0xF0H	B寄存器	IE	0xA8H	中断允许寄存器
SP	0x81H	堆栈指针	IP	0xB8H	中断优先级寄存器
DPL	0x82H	数据存储器指针低8位	SCON	0x98H	串行口控制寄存器
DPH	0x83H	数据存储器指针高8位	SBUF	0x99H	串行口数据寄存器
PCON	0x97H	电源控制寄存器			

5. 堆栈

堆栈是在数据缓存区中开辟的一块执行“先进后出”管理方式的具有连续地址的存储区,堆栈指针(SP)中存放的是栈顶地址,数据的入栈和出栈操作均发生在栈顶的存储单元中。当数据入栈时,SP内容加1,数据存入栈顶单元中;当数据出栈时,栈顶单元中的数据弹出,SP内容减1。堆栈在子程序以及中断服务子程序中调用时,常用作保存断点地址和现场数据保护。当单片机复位时,SP的初始值为07H,在具体使用时,要对之修改并存到数据缓冲区中。

6. 复位操作

复位操作就是将单片机内部的寄存器以及系统中其他部件置为初始状态。复位操作是单片机开始工作时必须完成的一项工作,通常是在加电时,由复位电路产生复位信号使单片机完成复位操作。单片机复位操作后,其内部的寄存器进入初始状态,具体内容见表1-5。

表1-5 51单片机内部寄存器初始状态

寄存器	内容	寄存器	内容
ACC	00H	SCON	00H
B	00H	SBUF	00H
DPTR	0000H	SP	07H
IP	xxx00000B	TCON	00H

7. 看门狗定时器

看门狗定时器(Watch Dog Timer,WDT)实际上是一个计数器,一般给看门狗一个大数,程序开始运行后看门狗开始倒计数。如果程序运行正常,过一段时间CPU应发出指令让看门狗复位,重新开始倒计数。如果看门狗减到0就认为程序没有正常工作,强制整个系统复位。

此外,看门狗定时器还可以在程序陷入死循环的时候让单片机复位,而不用整个系统断电，从而保护整个硬件电路。

思考与练习 1

先试着在计算机上将书中提到的工具软件如 Keil μVision2、Proteus 安装好，再逐步按照书中提供的设计步骤完成单片机 LED 灯控制系统的设计。当看到 LED 灯开始闪烁时，你已经具备了单片机系统设计的初步能力了！

完成了一个简单的 LED 灯控制的单片机系统后，能不能在这个基础上对这个单片机系统进行一些功能的扩充？比如再添加一个 LED 灯，让它们交替闪烁；或者可以控制 8 个 LED 灯，让它们每隔一秒钟亮一个，变成一个跑马灯控制系统；再或者添加几个开关，控制这些 LED 灯完成一些特定的任务。其实只需要在原来电路和程序代码的基础上稍加修改，就可以实现了。

第2章

基于8051单片机开发软件的使用

通过本章的学习，应该掌握：

(1) 基于单片机的C语言程序的基本结构

(2) 基于单片机的C语言程序编写的基本方法

(3) 单片机开发软件 Keil μVision2 的安装和使用方法

(4) 单片机仿真软件 Proteus 的安装和使用方法

2.1 基于8051单片机的C语言程序设计概述

在单片机技术应用初期,开发人员在单片机系统开发时基本上采用的都是基于单片机指令系统的汇编语言来编写程序,但是汇编语言在使用中存在着诸多不便,如不同类型的单片机指令系统不一样,程序不能通用,开发者当需要更换单片机时,需要重新学习新的单片机指令系统,重新编写程序。同时汇编语言学习比较枯燥,要求开发者对硬件系统十分了解,这些对于初学者而言有相当的难度。所以越来越多的人开始使用C语言代替汇编语言来进行单片机程序的开发。

C语言是一种通用的编译型结构化的计算机程序设计语言,它是由早期的编程语言BCPL发展演变而来。1973年美国贝尔实验室在BCPL的基础上推出了C语言,后来美国国家标准研究所(ANSI)为C语言制定了一套标准,现在使用的就是ANSI标准的C语言。

采用C语言进行单片机系统的设计具有以下优点。

1. 语言简洁、使用方便灵活、功能强大

C语言是现有程序设计语言中规模最小的语言之一,而小的语言体系往往能设计出较好的程序。C语言的关键字很少,ANSI C标准一共只有32个关键字,9种控制语句,压缩了一切不必要的成分。C语言的书写形式比较自由,表达方式简洁,使用一些简单的方法就可以构造出相当复杂的数据类型和程序结构。

同时C语言具有丰富的数据结构类型,可以根据需要采用整型、实型、字符型、数组类型、指针类型、结构类型、联合类型、枚举类型等多种数据来实现各种复杂结构的运算。C语言还具有多种运算符,灵活使用各种运算符可以实现其他高级语言难以实现的运算。

C语言还具有直接访问单片机物理地址的能力,可以直接访问片内或片外存储器,还可以进行各种位操作。

2. 可移植性好

由于C语言是通过编译来得到可执行代码的,不同类型单片机上的C语言程序80%的代码是公共的。只要有合适的编译器,在一种单片机上使用的C语言程序,可以不加修改或稍加修改即可方便地移植到另一种结构类型的单片机上去。

3. 可进行结构化程序设计

C语言是以函数作为程序设计的基本单位的,C语言程序中的函数相当于汇编语言中的子程序。C语言对于输入和输出的处理也是通过函数调用来实现的。各种C语言编译器都会提供一个函数库,其中包含许多标准函数,如各种数学函数、标准输入/输出函数等。此外C语言还具有自定义函数的功能,用户可以根据自己的需要编制满足某种特殊需要的自定义函数。实际上,C语言程序就是由若干个函数组成的,一个函数相当于一个程序模块,因此,C语言可以很容易地进行结构化程序设计。

4. 生成的目标代码质量高

众所周知,汇编语言程序目标代码的效率是最高的,这就是汇编语言仍是编写计算机系统软件的重要工具的原因。但是统计表明,对于同一个问题,用C语言编写的程序生成的代码效率仅比用汇编语言低10%～20%,目前,世界上最好的8051系统单片机的C编译器之一——Keil C51,能够产生形式非常简洁、效率极高的程序代码,在代码质量上可以与汇编语言相媲美。

用C语言来编写目标系统软件,会大大缩短开发周期,增加软件的可读性,便于改进和扩充,有利于研制出规模更大、性能更完善的系统。

因此,用C语言进行单片机程序设计是单片机开发与应用的必然趋势。随着单片机C语言的广泛使用,已经形成大量的针对标准接口芯片编写的功能模块程序,设计者可以在网络上、书籍中得到这些功能模块程序,再根据自身系统设计要求,对这些程序稍加修改就可以很容易地移植到自己的设计中,大大缩短了开发周期。

2.1.1　C语言程序基本结构

从第1章的单片机测试程序中,可以看出C语言程序实际是由若干个函数单元组成,每个函数都是完成某个特定任务的功能模块子程序。组成一个程序的若干个函数可以保存在一个源程序文件中,也可以保存在几个源程序文件中,最后再将它们连接在一起。

C语言程序的组成结构如下。

```
预处理命令      #include <头文件名.h>
功能子函数1     函数名()
                {
                  函数体;
                }
功能子函数2     函数名()
                {
                  函数体;
                }
…
功能子函数n     函数名()
                {
                  函数体;
                }
主函数          main()
                {
                 主函数体;
                }
```

也可以是下面的变体。

```
预处理命令          #include <头文件名.h>
功能子函数1说明     函数名1();
```

```
    功能子函数2说明   函数名1();
    …
    功能子函数n说明   函数名n();

    主函数            main()
                      {
                       主函数体;
                      }
    功能子函数1       函数名1()
                      {
                        函数体;
                      }
    功能子函数2       函数名2()
                      {
                        函数体;
                      }
    …
    功能子函数n       函数名n()
                      {
                        函数体;
                      }
```

首先在C语言程序中出现的是预处理命令，最常见的是包含语句include<>，在include语句前一定要有一个#号，在<>中要填写所包括的头文件名。

包括头文件也就是要进行文件包含处理，是指在本文件中将另一个文件的内容全部复制并包含进来，所以这里的预处理命令虽然只有一行，但C编译器在处理的时候却要处理几十乃至几百行。

通常在针对8051系列单片机的C语言程序中，要包含的头文件是REG51.H。

头文件REG51.H主要是对8051单片机中的资源和所对应的地址进行说明，在C语言程序中包含了REG51.H即可以在程序中直接对8051单片机中定义好的资源进行各种操作，如可以对特殊功能寄存器进行赋值、对I/O端口读写数据等。

下面分析一下这个头文件，用计算机中的记事本打开REG51.H(路径一般在C或D:\keil51\C51\INC下)文件，可以看到以下内容。

```
/*--------------------------------------------------------------------------
REG51.H

Header file for generic 80C51 and 80C31 microcontroller.
Copyright (c) 1988-2001 Keil Elektronik GmbH and Keil Software, Inc.
All rights reserved.
--------------------------------------------------------------------------*/

/* BYTE Register */
sfr P0   = 0x80;
sfr P1   = 0x90;
sfr P2   = 0xA0;
```

```
sfr P3    = 0xB0;
sfr PSW   = 0xD0;
sfr ACC   = 0xE0;
sfr B     = 0xF0;
sfr SP    = 0x81;
sfr DPL   = 0x82;
sfr DPH   = 0x83;
sfr PCON  = 0x87;
sfr TCON  = 0x88;
sfr TMOD  = 0x89;
sfr TL0   = 0x8A;
sfr TL1   = 0x8B;
sfr TH0   = 0x8C;
sfr TH1   = 0x8D;
sfr IE    = 0xA8;
sfr IP    = 0xB8;
sfr SCON  = 0x98;
sfr SBUF  = 0x99;


/* BIT Register */
/* PSW   */
sbit CY   = 0xD7;
sbit AC   = 0xD6;
sbit F0   = 0xD5;
sbit RS1  = 0xD4;
sbit RS0  = 0xD3;
sbit OV   = 0xD2;
sbit P    = 0xD0;
/* TCON  */
sbit TF1  = 0x8F;
sbit TR1  = 0x8E;
sbit TF0  = 0x8D;
sbit TR0  = 0x8C;
sbit IE1  = 0x8B;
sbit IT1  = 0x8A;
sbit IE0  = 0x89;
sbit IT0  = 0x88;

/* IE    */
sbit EA   = 0xAF;
sbit ES   = 0xAC;
sbit ET1  = 0xAB;
sbit EX1  = 0xAA;
sbit ET0  = 0xA9;
sbit EX0  = 0xA8;

/* IP    */
sbit PS   = 0xBC;
```

```
sbit PT1   = 0xBB;
sbit PX1   = 0xBA;
sbit PT0   = 0xB9;
sbit PX0   = 0xB8;

/* P3 */
sbit RD    = 0xB7;
sbit WR    = 0xB6;
sbit T1    = 0xB5;
sbit T0    = 0xB4;
sbit INT1  = 0xB3;
sbit INT0  = 0xB2;
sbit TXD   = 0xB1;
sbit RXD   = 0xB0;

/* SCON */
sbit SM0   = 0x9F;
sbit SM1   = 0x9E;
sbit SM2   = 0x9D;
sbit REN   = 0x9C;
sbit TB8   = 0x9B;
sbit RB8   = 0x9A;
sbit TI    = 0x99;
sbit RI    = 0x98;
```

可以看到，在这个头文件中实际上定义了一些特殊功能寄存器、并行端口（P0、P1、P2和P3）、特定的一些引脚以及可操作的位等参数名，并将之和地址相对应。

如在文件中有 sfr P0＝0x80 这样一条语句，则是将 P0 定义为并行端口 0 的名字，以后在程序中就可以直接对 P0 进行操作了。sfr、sbit 为 C 语言中的数据类型说明语句，如 sfr P0 即说明 P0 为特殊功能寄存器，sbit CY 则将 CY 定义为可寻址位。

在第 1 章的测试程序中用到了包含语句 # include ＜reg51. h＞，所以在程序中可以使用 P0 这个参量名并对它进行操作，如程序中有 P0＝0 的语句。如果没有这条包含语句，在程序中如果对 P0 进行操作，在程序编译时编译系统会报错。

main()函数是 C 语言程序中唯一的一个主函数，无论它处在程序中的什么位置，程序总是从 main()函数开始执行。在这个主函数中，主要写的是单片机应用程序的主控程序，其中大部分内容是对各种功能子函数的调用。

功能子函数的作用是完成某种特定功能，可以被其他函数反复调用。功能子函数可以直接写在 C 语言程序开始处，也可以先对它进行声明，然后再写在 main()主函数之后。切记不可以没有先声明就写在主函数的后面，这样编译的时候系统会报错。

在 C 语言程序的编写中，对一些功能程序块或参数的解释是十分必要的，这样可以使程序的可读性和可维护性大大提高。一个完整的 C 语言程序必须有必要的注释，在程序中添加注释有两种方式，一种是/ * …… * /的形式，从/ * 开始到 * /结束中间的任何内容均为注释；另一种是// ……，// 后面为注释。

要注意的是，注释不是要执行的语句，它只是程序员为了方便理解和修改而添加的文字,可以是中文的也可以是英文的,由程序员决定。

2.1.2 项目头文件的制作

在第1章的测试程序中,要通过P0端口的第0位来控制LED灯的亮灭,由于在REG51.H文件中,只对P0做了定义,并没有对P0端口的第0位进行定义,所以要对它进行操作就必须先对它进行声明。在程序的第4行有语句sbit P0_0=0x80就是声明了P0_0为P0端口的第0位(在8051单片机中,0x80是P0端口第0位的位地址)。这样在程序中就可以直接对P0_0进行操作了。如果在应用程序中,要定义的标识符有很多,都在C语言程序中一一写出,就会显得程序很乱,所以就有必要编写一个适合自己系统设计的头文件,并在C语言程序中将其包含进去。

如果在要设计的MCS-51单片机系统中,要用到单片机P0~P3的每个引脚,则需要对这些引脚进行定义,同时也可以在这个头文件中定义自己要用到的其他参量。

下面就是一个自己定义的头文件,文件名为mytest.h。

```
#ifndef  mytest_h
#define  mytest_h
//对P0端口的第0~7位,分别声明为P0_0~ P0_7
sbit P0_0 = 0x80;
sbit P0_1 = 0x81;
sbit P0_2 = 0x82;
sbit P0_3 = 0x83;
sbit P0_4 = 0x84;
sbit P0_5 = 0x85;
sbit P0_6 = 0x86;
sbit P0_7 = 0x87;
//对P1端口的第0~7位,分别声明为P1_0~ P1_7
sbit P1_0 = 0x90;
sbit P1_1 = 0x91;
sbit P1_2 = 0x92;
sbit P1_3 = 0x93;
sbit P1_4 = 0x94;
sbit P1_5 = 0x95;
sbit P1_6 = 0x96;
sbit P1_7 = 0x97;
//对P2端口的第0~7位,分别声明为P2_0~ P2_7
sbit P2_0 = 0xA0;
sbit P2_1 = 0xA1;
sbit P2_2 = 0xA2;
sbit P2_3 = 0xA3;
sbit P2_4 = 0xA4;
sbit P2_5 = 0xA5;
sbit P2_6 = 0xA6;
sbit P2_7 = 0xA7;
```

```
// 对 P3 端口的第 0~7 位,分别声明为 P3_0~ P3_7
sbit P3_0 = 0xB0;
sbit P3_1 = 0xB1;
sbit P3_2 = 0xB2;
sbit P3_3 = 0xB3;
sbit P3_4 = 0xB4;
sbit P3_5 = 0xB5;
sbit P3_6 = 0xB6;
sbit P3_7 = 0xB7;

#endif
```

在以后的案例中,可以根据设计任务的不同修改这个头文件或添加一些需要声明的参量。

2.2 Keil μVision2 软件的使用

Keil μVision2 是美国 Keil Software 公司出品的 8051 系列单片机软件开发系统软件,它是目前世界上最优秀、最强大的的 8051 单片机开发应用平台之一,它集编辑、编译、仿真于一体,支持汇编、PL/M 语言和 C 语言的程序设计,界面友好、易学易用。

Keil C51 提供了包括 C 编译器、宏汇编、连接器、库管理和一个功能强大的仿真调试器等在内的完整开发方案,通过一个集成开发环境将这些部分组合在一起。它内嵌的仿真调试软件可以让用户采用模拟仿真和实时在线仿真两种方式对目标系统进行开发。软件仿真时,除了可以模拟单片机的 I/O 口、定时器、中断之外,甚至可以仿真单片机的串行通信。

2.2.1 软件安装及工作界面简介

Keil μVision2 软件可以通过网络下载或向代理商购买等方式得到。软件安装时,首先运行 setup. exe 安装程序,选择安装 Eval Version 版。安装提示填写必要的信息,单击 Yes 或 Next 按钮,直到单击 Finish 按钮完成。也可以从网上下载汉化补丁,对其进行汉化处理。

安装完毕后,运行 Keil μVision2 会出现以下的启动工作界面,如图 2-1 所示。

Keil μVision2 集成开发环境主要由菜单栏、工具栏、源文件编辑窗口、工程窗口和输出窗口 5 部分组成。工具栏为一组快捷工具按钮,主要包括基本文件工具栏、建造工具栏和调试工具栏。基本文件工具栏中包括新建、打开、复制、粘贴等基本操作按钮;建造工具栏主要包括文件编译、目标文件编译连接、所有目标文件编译连接、目标选项和一个目标选择窗口;调试工具栏位于最后,主要包括一些仿真调试源程序的基本操作,如单步、断点运行、全速运行、复位按钮等。

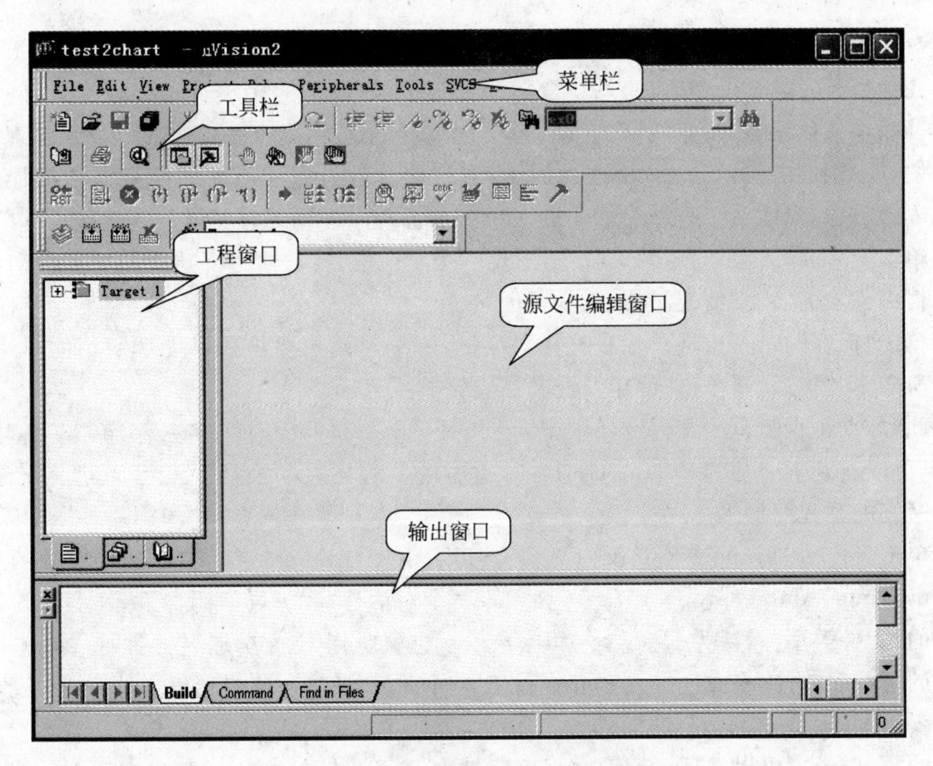

图 2-1　Keil µVision2 启动工作界面

在工具栏的下方左侧是工程窗口，该窗口有3个选项卡，分别是Files、Regs和Books，其中Files选项卡显示当前项目的文件结构，它包含一个工程的目标(target)、组(group)和项目文件；Regs和Books选项卡则分别显示CPU中的寄存器的内容(调试时才出现)和所选CPU的附加说明文件。如果是第一次启动Keil，那么这3个选项卡的内容全是空的。

在工程窗口的右侧是源文件编辑窗口，用户可以在这里对源程序进行编辑、修改等操作。在最下方的窗口是输出窗口，源程序编译后的结果会显示在输出窗口中，出现通过或错误的提示，如果通过则会生成目标文件用于仿真或下载。

2.2.2　工程文件的建立与目标文件的获得

在第1章中已经试着用Keil µVision2进行了单片机程序的设计。现在要具体地介绍使用Keil µVision2来进行基于单片机的C语言程序的设计与仿真。

1. 源文件的建立

使用菜单File→New或者单击工具栏上的“新建文件”按钮，即可在项目窗口的右侧打开一个新的文本编辑窗口，在该窗口中输入C语言源程序，输入后保存该文件，注意必须加上扩展名(.c)。需要说明的是，源程序文件就是一般的文本文件，不一定非要使用Keil软件编写，可以使用任意文本编辑器编写。

2. 工程文件的建立

在项目开发中，并不是仅有一个源程序就行了，还要为这个项目选择单片机，确定编译、汇编、连接的参数，指定调试的方式，有一些项目还会由多个文件组成等。为管理和使用方便，Keil 使用工程(Project)这一概念，将这些参数设置和所需的所有文件都加在一个工程项目中，只能对工程项目而不能对单一的源程序进行编译和连接等操作。

单击 Project→New Project 命令，出现一个对话框，要求给将要建立的工程命名。在编辑框中输入名字，不需要扩展名。

单击“保存”按钮，出现单片机选择对话框，这个对话框要求选择设计所用的单片机。选中所需单片机后，再单击“确定”按钮，就会回到主界面。

此时，在工程窗口的文件选项卡中，会出现 Target1，前面有“+”标志，单击“+”标志展开，可以看到下一层的 Source Group 1，这时的工程还是一个空的工程，需要手动把刚才编写好的源程序加入。

单击 Source Group 1 使其反白显示，然后右击，出现一个快捷菜单，选中其中的 Add file to Group‘Source Group 1’命令，会出现一个对话框，要求寻找源文件，注意该对话框下面的“文件类型”默认为 C source file(*. c)，也就是以 C 为扩展名的文件。双击刚才建立的源程序文件，将文件加入项目。注意：当加入文件后，该对话框并不消失，还在等待继续加入其他的文件，当单击 Close 按钮后，返回主界面。返回后，单击 Source Group 1 前面的“+”标志，可以发现源程序文件已经被加入。双击该文件，就可以在源文件编辑窗口中打开该文件了。

3. 工程项目参数的设置

工程建立好以后，还要对工程进行进一步设置，以满足设计要求。

首先单击左边工程窗口的 Target 1，然后单击 Project→Options for Target ‘Target 1’命令即出现对工程设置的对话框，如图 2-2 所示。

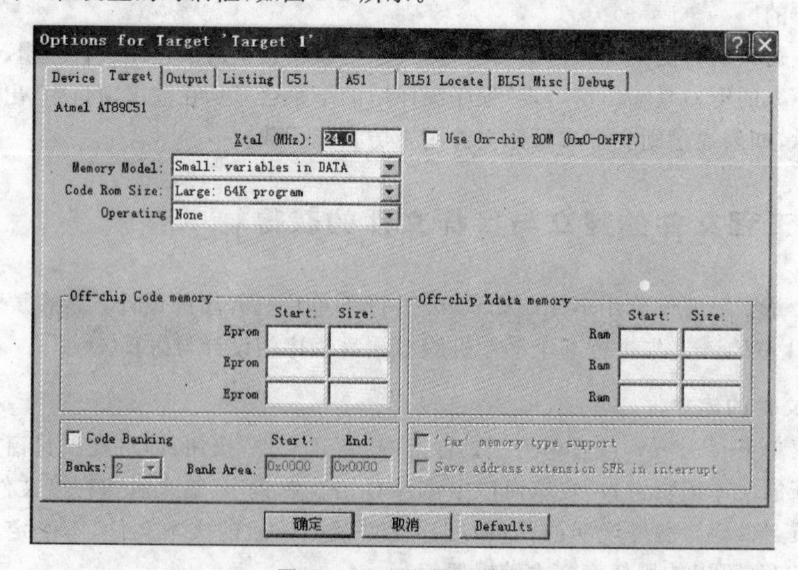

图 2-2 工程设置对话框

这个对话框比较复杂,共有 9 个选项卡,不需要全部搞清楚,绝大部分设置项取默认值即可。设置对话框中的 Target 选项卡,如图 2-2 所示,Xtal 后面的数值是晶振频率值,默认值是所选目标 CPU 的最高可用频率值,如果选用的是 AT89C51,则出现的晶振频率为 24MHz,该数值与最终产生的目标代码无关,仅用于软件模拟调试时显示程序执行时间。正确设置该数值可使显示时间与实际所用时间一致,一般将其设置成与单片机系统设计时选用的晶振频率相同即可。

Memory Model 用于设置 RAM 使用情况,有 3 个选择项,Small 表示所有变量都在单片机的内部 RAM 中;Compact 表示可以使用一页外部扩展 RAM;Large 则表示可以使用全部外部的扩展 RAM。

Code RomSize 用于设置 ROM 空间的使用,同样也有 3 个选择项,Small 模式只用低于 2KB 的程序空间;Compact 模式是指单个函数的代码量不能超过 2KB,整个程序可以使用 64KB 程序空间;Large 模式可用全部 64KB 空间。

Use ON-chip ROM 选择项确认是否仅使用片内 ROM。

Operating 项是操作系统的选择,Keil 提供了两种操作系统:RTX-51 tiny 和 RTX-51 Full。在单片机系统中通常不使用任何操作系统,即使用该项的默认值 None。

Off-chip Code memory 用以确定系统扩展 ROM 的地址范围,Off-chip Xdata memory 用于确定系统扩展 RAM 的地址范围,这些选择项必须根据所用硬件来决定,如果在硬件设计时未进行任何 RAM 扩展,则均按默认值设置。

设置对话框中的 Output 选项卡如图 2-3 所示,这里面也有多个选择项,其中 Create HEX File 用于生成可以用编程器写入单片机芯片的 HEX 格式文件,文件的扩展名为.HEX,默认情况下该项未被选中,由于以后要使用 Proteus 进行单片机仿真,所以必须选中该项,在此特别提醒注意。

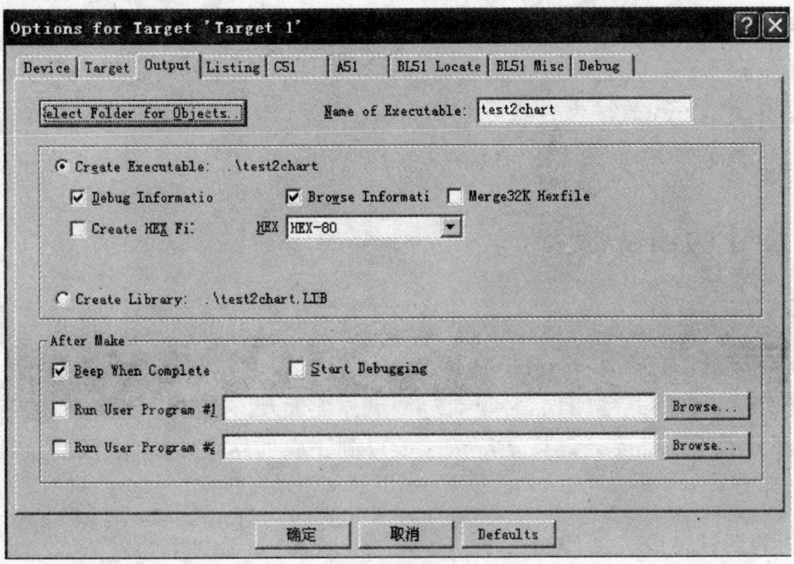

图 2-3 项目输出页面设置对话框

选中 Debug Information 复选框将会产生调试信息，这些信息用于调试，如果需要对程序进行调试，应当选中该项。Browse Information 是产生浏览信息，该信息可以用菜单 View→Browse 来查看，这里取默认值。

按钮 Select Folder for Objects 是用来选择最终的目标文件所在的文件夹，默认是与工程文件在同一个文件夹中。

Name of Executable 用于指定最终生成的目标文件的名字，默认与工程的名字相同，这两项一般不需要更改。

项目输出页面设置对话框中的其他各选项卡与 C51 编译选项、A51 的汇编选项、BL51 连接器的连接选项等用法有关，这里均取默认值，不做任何修改。如果读者对这些设置感兴趣，可以参考 Keil μVision 的技术手册或相关资料。

设置完成后单击"确认"按钮返回主界面，到此工程文件建立、设置完毕。

4. 编译连接

在设置好工程后即可进行编译、连接。选择菜单 Project→Build Target 对当前工程进行连接，如果当前文件已修改，系统会先对该文件进行编译，然后再连接以产生目标代码。

如果选择 Rebuild All Target Files 选项将会对当前工程中的所有文件重新进行编译然后再连接，确保最终生产的目标代码是最新的，而 Translate 项则仅对该文件进行编译，不进行连接。

以上操作也可以通过工具栏按钮直接进行。图 2-4 所示的是有关编译、设置的工具栏按钮，从左到右分别是：编译、编译连接、全部重建、停止编译和对工程进行设置。

图 2-4 编译、设置工具栏

编译过程中的信息将出现在输出窗口中的 Build 页中，如果源程序中有语法错误，会有错误报告出现，双击该行，可以定位到出错的位置，对源程序反复修改之后，最终会得到和项目名同名的 HEX 格式文件，该文件即可被编程器读入并写到芯片中，同时还产生了一些其他的相关文件，可被用于 Keil 的仿真与调试，这时可以进入下一步调试的工作。

2.2.3 Keil 的调试命令

在完成了源程序文件的编译、连接到最后生成可执行的目标文件后，并不意味着程序设计的结束。编译、连接后，Keil 并没有报错仅仅代表所编写的源程序没有语法错误。至于源程序中存在着的其他错误，必须通过调试才能发现并解决。事实上，除了极简单的程序，绝大部分的程序都要通过反复调试才能得到正确的结果。因此，调试是软件开发中重要的一个环节。

1. 常用的调试命令

在对工程成功汇编和连接以后，按 Ctrl＋F5 组合键或者使用菜单 Debug→Start/Stop Debug Session 即可进入调试状态。Keil 内建了一个仿真 CPU 用来模拟执行程序，该仿真 CPU 功能强大,可以在没有硬件和仿真机的情况下进行程序的调试。

进入调试状态后,主界面与编辑状态相比有明显的变化,Debug 菜单项中原来不能用的命令现在已可以使用了,工具栏会多出一个用于运行和调试的工具条,如图 2-5 所示。

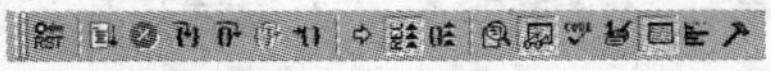

图 2-5　运行与调试工具条

Debug 菜单上的大部分命令可以在此工具条上找到对应的快捷按钮,从左到右依次是复位、运行、暂停、单步、过程单步、执行完当前子程序、运行到当前行、下一状态、打开跟踪、观察跟踪、反汇编窗口、观察窗口、代码作用范围分析、串行窗口 1#、内存窗口、性能分析、工具箱等按钮。

在程序调试过程中,最常用到的是单步执行与全速运行。全速执行是指一行程序执行完以后紧接着执行下一行程序,中间不停止,这样程序执行的速度很快,并可以看到该段程序执行的总体效果,但如果出现运行结果和设计不相符,则难以确认错误出现在程序的哪些地方。

单步执行是每次执行一行程序,执行完该行程序以后即停止,等待命令执行下一行程序,此时可以观察该行程序执行完以后得到的结果是否与预期的结果相同,借此可以找到程序中的问题所在。在实际程序调试中,这两种运行方式常常是交互使用的。

使用菜单 STEP、相应的命令按钮或快捷键 F11 可以单步执行程序,使用菜单 STEP OVER 或功能键 F10 可以以过程单步形式执行命令,所谓过程单步就是可以将 C 语言中的函数作为一个语句来全速执行。

在实际调试过程中,根据具体情况灵活应用这几种方法,可以大大提高查错效率。

2. 断点设置

程序调试时,一些程序行必须满足一定的条件才能被执行到,这些条件往往是难以预先设定的。如果这样,使用单步执行的方法是很难调试的,这时就要使用到程序调试中的另一种非常重要的方法——断点设置。

断点设置的方法有多种,常用的是在某一程序行设置断点,设置好断点后可以全速运行程序,一旦执行到该程序行即停止,可在此观察有关变量值,以确定问题所在。

在程序行设置/移除断点的方法是将光标定位于需要设置断点的程序行,使用菜单 Debug→Insert/Remove Breakpoint 设置或移除断点,Debug→Enable/Disable Breakpoint 是开启或暂停光标所在行的断点功能,Debug→Disable All Breakpoint 是暂停所有断点,Debug→Kill All Breakpoint 是清除所有的断点。这些功能也可以用工具条上的快捷按钮进行设置。

2.2.4　Keil 的调试窗口

在程序调试过程中,Keil 提供了多个窗口供用户观察各种参数的变化,这些窗口主要包括输出窗口、观察窗口、存储器窗口、反汇编窗口、串行窗口等。进入调试模式后,可以通过菜单 View 下的相应命令打开或关闭这些窗口。同时 Keil 还提供并行口、串行口、中断、定时器等观察窗口,在进入调试模式后,可以通过菜单 Peripherals 下的相应命令打开或关闭这些窗口。

图 2-6 中从左向右依次是 Keil 的输出窗口、存储器窗口和观察窗口，各窗口的大小可以使用鼠标调整。进入调试程序后，输出窗口自动切换到 Command 页。该页用于输入调试命令和输出调试信息，下面对一些常用的窗口进行介绍。

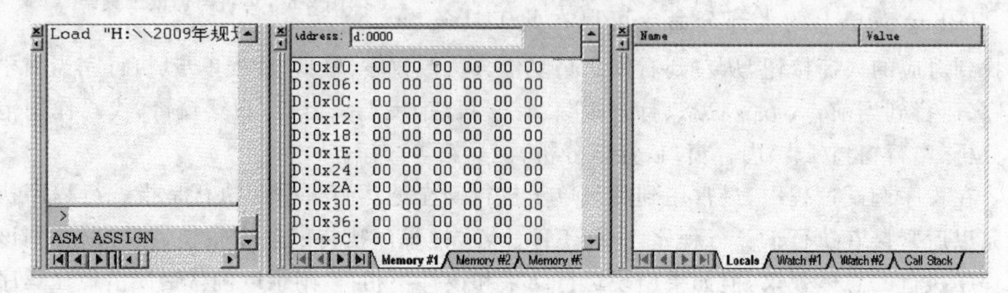

图 2-6 调试窗口

1. 存储器窗口

存储器窗口中可以显示系统中各种内存中的值，通过在 Address 后的编辑框内输入"字母：数字"即可显示相应内存值。其中字母可以是 C、D、I、X，分别代表代码存储空间、直接寻址的片内存储空间、间接寻址的片内存储空间、扩展的外部 RAM 空间，数字代表想要查看的地址。例如输入"D：0"即可观察到地址 0 开始的片内 RAM 单元值(如图 2-5 中所示)、输入"C：0"即可显示从 0 开始的 ROM 单元中的值，即查看程序的二进制代码。

将鼠标移到该窗口处，右击，可以选择存储器窗口中数据的显示方式，可以是十进制、十六进制或字符型等。

在调试过程中，可以随时通过输入相应的命令观察存储器窗口中各存储单元内容的变化。

2. 工程项目窗口

图 2-7 所示是工程窗口寄存器页的内容，寄存器页包括了当前的工作寄存器组和系统寄存器，系统寄存器组有一些是实际存在的寄存器如 A、B、DPTR、SP、PSW 等，有一些是实际中并不存在或虽然存在却不能对其操作的如 PC、Status 等。每当程序中执行到对某寄存器的操作时，该寄存器会以反色(蓝底白字)显示，单击后按 F2 键，即可修改该值。

3. 观察窗口

观察窗口是很重要的一个窗口，工程窗口中仅可以观察到工作寄存器和有限的寄存器(如 A、B、DPTR 等)，如果需要观察其他的寄存器的值或者在高级语言编程时需要直接观察变量，就要借助于观察窗口。当需要观察变量时，在 Watch 选项卡按 F2 键并输入要观察的变量名即可。

4. 中断状态显示窗口

选择菜单 Peripherals→Interrupt，则会出现当前中断状态显示窗口，如图 2-8 所示。在调试过程中，该窗口可以动态观察 8051 单片机 5 个中断的状态。

Register	Value
Regs	
r0	0x00
r1	0x00
r2	0x00
r3	0x00
r4	0x00
r5	0x00
r6	0x00
r7	0x00
Sys	
a	0x00
b	0x00
sp	0x07
sp_max	0x07
dptr	0x0000
PC $	C:0x0021
states	389
sec	0.0001...
psw	0x00

图 2-7　工程项目窗口

Interrupt System

Int Source	Vector	Mode	Req	Ena	Pri
P3.2/Int0	0003H	0	0	0	0
Timer 0	000BH		0	1	1
P3.3/Int1	0013H	0	0	0	0
Timer 1	001BH		0	0	1
Serial Rcv.	0023H		0	0	0
Serial Xmit.	0023H		0	0	0

Selected Interrupt　EAL　IT0　IE0　EX0　'ri.: 0

图 2-8　中断状态显示窗口

5. 并行端口状态显示窗口

在单片机系统调试过程中，最常用到的是这个窗口。单击 Peripherals→I/O-Ports 命令，便会出现图 2-9 所示的并行端口状态显示窗口。

图 2-9 实际上是同时出现了 P0 和 P1 口两个状态显示窗口，用户可以根据实际需要来选择出现几个并行端口状态显示窗口。用户可以在实际调试过程中，观察并行口的输出。在模拟并行口输入时，用户还可以通过鼠标单击窗口中的每一位小窗口，来设置并行口的每一位的状态是高电平还是低电平。

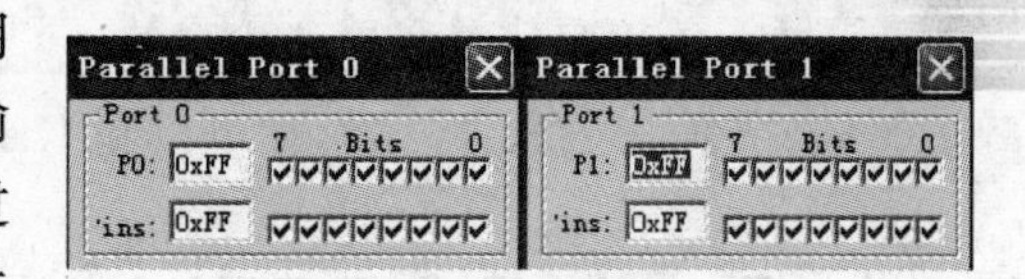

图 2-9　并行端口状态显示窗口

6. 串行口状态显示窗口

单击 Peripherals→Serial 命令便会出现串行口状态显示窗口，如图 2-10 所示。用户在调试时，可以观察并设置当前串行口相关的参数值和模式。

7. 定时器状态显示窗口

单击 Peripherals→Timer 命令便会出现定时器 0 或 1 的状态显示窗口，如图 2-11 所示。同样用户可以观察并设置定时器 0 或 1 的相关参数值和模式。

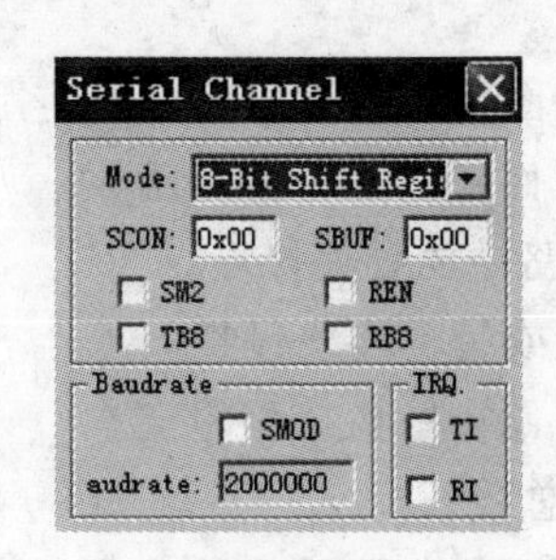

图 2-10　串行口状态显示窗口

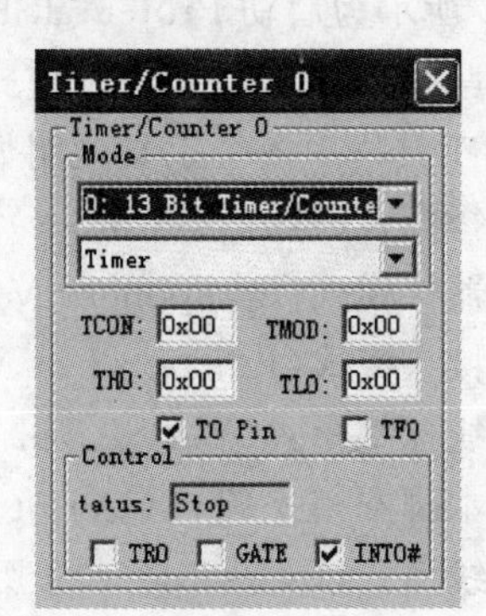

图 2-11　定时器 0 状态显示窗口

2.3 Proteus 仿真软件的使用

Proteus 是英国 Labcenter 公司开发的电路分析、实物仿真以及印制电路板设计的软件，它运行于 Windows 操作系统上，可以仿真分析各种模拟器件和集成电路。该软件的特点如下。

(1) 具有模拟电路仿真、数字电路仿真、单片机及其外围电路组成的系统仿真，提供各种虚拟仪器，如示波器、信号发生器、电压表、电流表等。

(2) 支持主流单片机系统的仿真。目前支持的单片机类型有 ARM7 和 68000 系列、80C51/52 系列、AVR 系列、PIC12/16/18 系列、Z80 系列、HC11 系列以及电路设计中常用的外围器件(例如键盘、LED、7 段数码管、开关)。

(3) 提供软件调试功能。在该软件的仿真中具有全速、单步、设置断点等调试功能，调试时可观察各个变量、寄存器等状态。

(4) 具有强大的原理图绘制功能。

(5) 具有绘制印制电路板功能。

(6) 支持第三方软件开发，如可以和 Keil μVision 2/3 联合调试。

2.3.1 Proteus 操作界面简介

Proteus 主要由 ISIS 和 ARES 两部分组成，ISIS 的主要功能是原理图设计及与电路原理图的交互仿真，ARES 主要用于印制电路板的设计。

ISIS 提供的 Proteus VSM(Virtual System Modeling)实现了混合式的 SPICE 电路仿真，它将虚拟仪器、高级图表应用、单片机仿真、第三方程序开发与调试环境有机结合，在搭建硬件模型之前即可在计算机上完成原理图设计、电路分析与仿真及单片机程序实时仿真、测试及验证。

图 2-12 所示为启动 Proteus ISIS 7.1 后的操作界面，窗口最左边是 3 个模式选择工具栏，分别是主模式工具栏、部件模式工具栏和二维图形模式工具栏。

主模式工具栏中各个工具说明如下。

(1) 选择模式(Selection Mode)：在选择仿真电路图中的元件等对象时使用该图标。

(2) 元器件模式(Component Mode)：用于打开元件库选取各种元器件。

(3) 连接点模式(Junction Dot Mode)：用于在电路中放置连接点。

(4) 连线标签模式(Wire Label Mode)：用于放置或编辑连线标签。

(5) 文本脚本模式(Text Script Mode)：用于在电路中放置或编辑文本。

(6) 总线模式(Buses Mode)：用于在电路中绘制总线。

(7) 子电路模式(Subcircuit Mode)：用于在电路中放置子电路框图或子电路元器件。

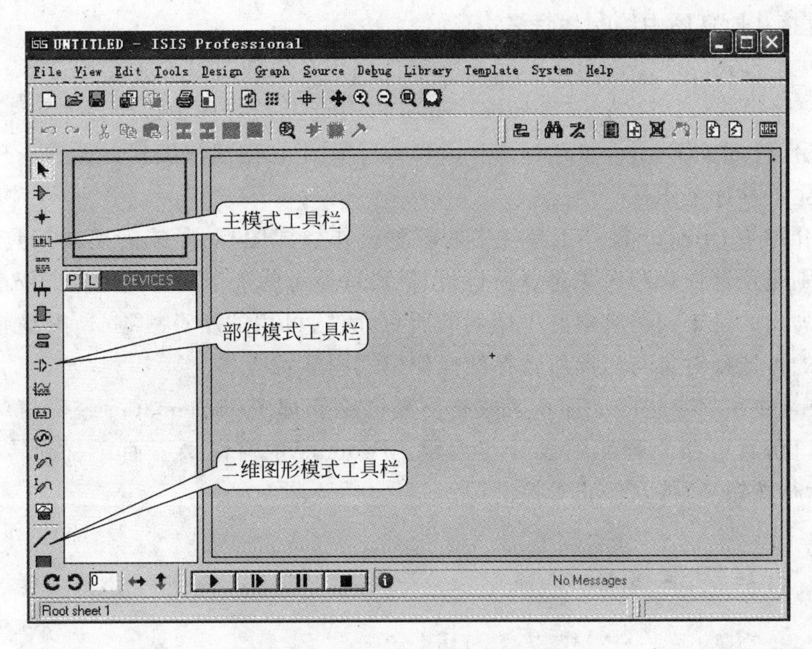

图 2-12　Proteus ISIS 操作界面

部件模式工具栏的各个工具说明如下。

(1) 终端模式(Terminal Mode)：提供各种终端，如输入、输出、电源和地等。

(2) 设备引脚模式(Device Pins Mode)：提供 6 种常用的元件引脚。

(3) 图形模式(Graph Mode)：列出可供选择的各种仿真分析所需要的图标，如模拟分析图表、数字分析图表、频率响应图表。

(4) 磁带记录器模式(Tape Recorder Mode)：对原理图分析分割仿真时用来记录前一步的仿真输出，作为下一步仿真的输入。

(5) 发生器模式(Generator Mode)：用于列出可供选择的模拟和数字激励源。

(6) 电压探针模式(Voltage Probe Mode)：用于记录模拟或数字电路中探针处的电压值。

(7) 电流探针模式(Current Probe Mode)：用于记录模拟电路中探针处的电流值。

(8) 虚拟仪器模式(Virtual Instrument Mode)：提供的虚拟仪器，有示波器、逻辑分析仪、虚拟终端、SPI 调试器、I2C 调试器、直流与交流电压表、直流与交流电流表等。

二维图形模式工具栏中各个工具说明如下。

(1) 直线模式(2D Graphics Line Mode)：用于在创建元件时绘制直线，或直接在原理图中绘制直线。

(2) 框线模式(2D Graphics Box Mode)：用于在创建元件时绘制矩形框，或直接在原理图中绘制矩形框。

(3) 圆圈模式(2D Graphics Circle Mode)：用于在创建元件时绘制圆圈，或直接在原理图中绘制圆圈。

(4) 封闭路径模式(2D Graphics Close Path Mode)：用于在创建元件时绘制任意多

边形，或直接在原理图中绘制任意多边形。

(5) 文本模式(2D Graphics Text Mode)：用于在原理图中添加说明文字。

(6) 符号模式(2D Graphic Symbol Mode)：用于从符号库中选择各种元件符号。

(7) 标记模式(2D Graphic Markers Mode)：用于在创建或编辑元器件、符号、终端、引脚时产生各种标记图标。

以上介绍了 Proteus 模式工具栏中的各种操作模式图标，紧挨着模式工具栏的两个小窗口分别是预览窗口和对象选择窗口，预览窗口显示的是当前仿真电路的缩略图，对象选择窗口列出的是当前仿真电路中用到的所有元件、可用的所有终端、所有虚拟仪器等，当前显示的可选择对象与当前所选择的操作模式图标对应。

Proteus 主窗口右边的大面积区域是仿真电路原理图(Schematic)编辑窗口，下面将介绍该出口仿真电路原理图的设计与编辑。Proteus 主窗口最下面还有旋转与镜像按钮、仿真运行按钮、暂停及停止等控制按钮。

2.3.2 仿真原理图设计

在设计电路图时，根据当前电路的复杂程度和特定要求，用户可以在 Proteus 提供的模块中选择合适的模板进行设计，打开模板时需要单击 File→New Design 命令，打开"创建新设计"对话框，然后选择相应的模块。直接单击工具栏上的"新文件"(New File)按钮时，Proteus 会以默认模板建立原理图文件，调整图纸大小或样式时可单击 System→Set Paper Size(系统/设置图纸尺寸)命令进行设置，默认图纸背景是灰色的，如果需要修改背景色，可单击 Template→Set Default(模板/设置设计默认值)命令，将对话框中的图纸颜色改成自己喜爱的颜色。此时，仿真电路原理图编辑窗口中，会出现一个设计图纸，并在图纸的右下角标有该图纸的相关信息，如图 2-13 所示。

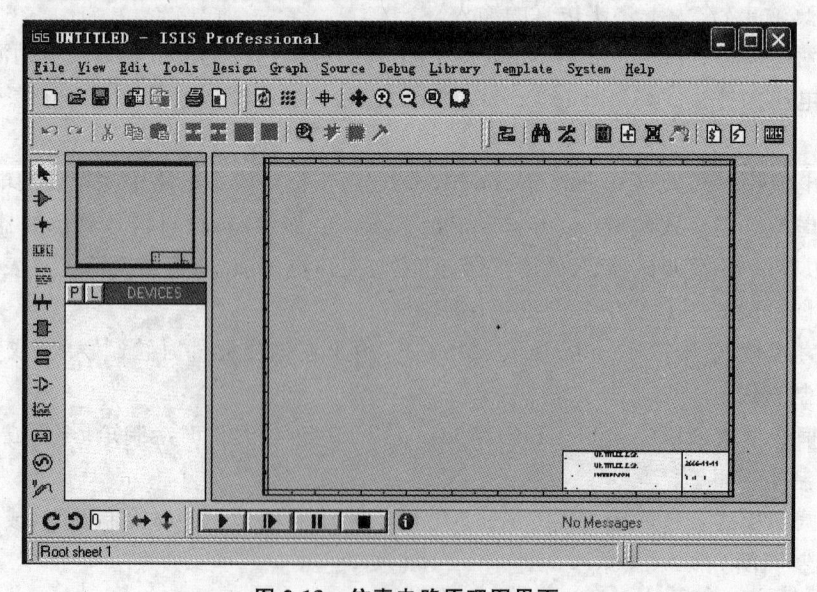

图 2-13 仿真电路原理图界面

创建空白文件后，就可以开始在图纸中添加元件了，将鼠标移到图纸上，右击则会出现一个对话框，选择 Place→Component→From Libraries 选项，则会出现元件选择对话框，如图 2-14 所示。

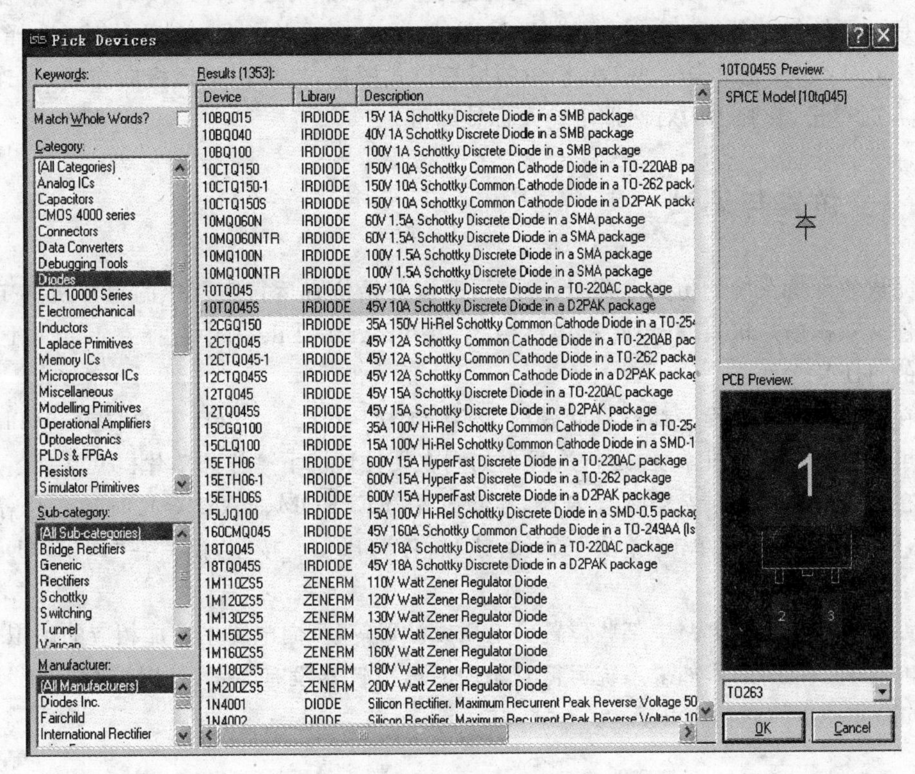

图 2-14 元件选择对话框

元件选择对话框由元件选择关键字输入框、元件分类表、元件子类表、生产厂商、元件列表、元件原理图外视图、元件封装图和封装标号等信息输出框组成。只要在关键字输入框中输入要选择的元件关键字，就可以在元件列表中出现所有符合条件的元件。当然也可以通过元件分类表来选择合适的元件。

在元件库中可以选择所需要的各种模拟元件、数字芯片、微控制器、光电元件、机电元件、显示器件等。详细的元件分类和子类目录请参见附表 1。

放置在图纸中的所有元件旁边都会出现＜TEXT＞，这时可单击 Template→Set Design→Defaults 命令，在打开的窗口中将 Show hidden text 边上的单选框中取消勾选，即可快速隐藏所有＜TEXT＞。

放置元件后，单击鼠标左键或右键都可以选中元件，在元件上双击可打开元件属性窗口，先单击鼠标右键再单击鼠标左键也可以打开属性窗口，双击鼠标右键则会删除元件。

放置元件后，即可以开始连线，当鼠标指向连线的起始引脚时，在起始引脚上会出现红色小方框，这时单击鼠标左键，然后移动鼠标指向终点引脚再单击鼠标左键，连线即成功完成。如果连线过程中要按自己的要求拐弯时，只需要在移动鼠标的路径上要拐弯的地方单击即可，移动鼠标时还可以配合使用 Ctrl 键，这样的连线会保持水平或垂直。

如果电路中并行的连线较多或连接线路比较长，可以使用模式工具栏中的总线模式图标绘制总线，绘制总线后，将起点出发的连线和到终点的连线都连接到总线上，但要注意的是必须给每一条连线加上标签(Label)，加标签时可直接在连线上右击，选择 Place Wire Label 项，或先单击模式工具栏中的标签模式图标，然后用鼠标指向连线，当连线上出现 X 时单击，在弹出的对话框中输入标签即可。

2.3.3 仿真与调试

完成单片机系统的仿真电路图设计后，即可开始仿真运行案例中的单片机绑定的程序文件。双击单片机，打开单片机属性窗口，在 Program File 项中选择在 Keil 中已经编译好的.HEX 文件。

在仿真电路和源程序都没有问题时，直接单击 Proteus 主窗口下的“运行”(Play)按钮即可运行仿真单片机系统，运行过程中如同在硬件环境下一样与单片机交互。

在运行过程中如果希望观察内存、存储芯片(EEPROM、RAM 等)、时钟芯片等内部数据，可在案例运行时单击“单步”(Step)或“暂停”(Pause)按钮，然后在“调试”(Debug)菜单中打开相应设备。

如果要观察仿真电路中某些位置的电压或波形等，可向电路中添加相应的虚拟仪器，例如电压表、示波器等，如果系统运行时添加的虚拟仪器没有显示，这时同样应在“调试”(Debug)菜单中将它们打开。

2.4 总结

1. C 语言程序结构要点

(1) 一个 C 语言源程序是由函数构成的，至少包括一个名为 main()的主函数和一些其他函数。函数是 C 语言程序的基本单位。main()通过直接书写语句和调用其他函数来实现单片机系统功能。

(2) 一个 C 程序，总是从 main 函数开始执行，而不管物理位置上这个 main()放在什么位置。

(3) 程序中的大小写一定要注意，如果将大写不小心改写成小写，编译时就会报错。

(4) C 语言书写的格式自由，可以在一行写多条语句，也可以把一条语句分成多行写。每个语句和定义的最后必须有一个分号，分号是 C 语言语句的必要组成部分。

(5) 可以为 C 程序的任何一部分作注释。可以使用/ * …… * /或// ……两种形式为程序注释。

(6) 在 C 语言源程序的开始处，一定要用包含语句将一些对单片机以及参数说明的头文件包含进去。

2. Keil 环境下 C 语言程序开发过程

(1) 建立一个工程项目，选择单片机类型，设置工程项目参数。

(2) 在文本编辑窗口中，编辑 C 语言源程序。

(3) 编译，用项目管理器生成各种相应的应用文件。

(4) 检查并修改 C 语言程序。

(5) 编译连接通过后，进行软件仿真调试。

(6) 通过观察各种窗口输出，分析程序运行状态，找出程序运行存在的错误。

(7) 修改源程序，再重复步骤(3)～(7)，直到程序运行满足设计要求。

(8) 下载程序到单片机中并实际应用。

3. Proteus 单片机电路仿真过程

(1) 创建设计图纸。

(2) 完成电路原理图的设计。根据设计要求，选择元件库中合适的元件，并将元件放置在合适的位置，用连接线将元件连接好。

(3) 加载编译好的目标文件，按下“运行”按钮。观察仿真运行结果，分析出现的问题所在，修改硬件电路或返回 Keil 修改源程序。

(4) 完成设计，下载程序到单片机中进行实际应用。

2.5 知识扩展

1. 数据类型

数据是计算机处理的对象，计算机要处理的一切内容最终都以数据的形式出现，而不同的数据是以不同的形式表现出来的，这些数据在计算机内部进行处理、存储时有着很大的区别。

C 语言中常用的数据类型有 char、int、short、long、float 和 double 等。表 2-1 所列为 Keil C51 编译器支持的数据类型。

表 2-1　Keil C51 编译器支持的数据类型

数据类型	长度/位	值　域	数据类型	长度/位	值　域
unsigned char	8	0～255	signed char	8	－128～＋127
unsigned int	16	0～65535	signed int	16	－32768～＋32767
unsigned long	32	0～4294967295	signed long	32	－2147483648～＋2147483647
sfr	8	0～255	float	32	±1.175E－38～±3.402E－38
sfr16	16	0～65535	*	8～24	对象的地址
bit	1	0～1	sbit	1	0～1

其中 bit 是 C51 编译器的一种扩充数据类型，利用它可以定义一个位标量。sfr 也是 C51 编译器的一种扩充数据类型，利用它可以访问单片机内部所有的特殊功能寄存器。sfr 型数据占用一个内存单元，sfr16 则占用两个内存单元。sbit 也是 C51 编译器的一种扩充数据类型，利用它可以访问单片机内部 RAM 中的可寻址位或特殊功能寄存器中的可寻址位。

表 2-1 中的 * 用来定义指针型数据。在 C51 中，指针指向变量的地址，即存储单元的地址，是一种特殊的数据类型。根据所指的变量类型不同，可以分为整型指针、浮点型指针、字符型指针等，如 int * i 则是定义一个整型指针变量。

2. 常量

在程序运行过程中，其值不能改变的量称为常量。使用常量时可以直接给出常量的值，也可以用一些符号来替代常量的值。常量的数据类型有整型、浮点型、字符型、字符串型和位标量。

3. 变量

在程序运行过程中，其值能够改变的量称为变量。每一个变量都有一个名字，并在内存中占据一定的存储单元，在该存储单元中可存放变量的值。

4. 存储器类型

在使用一个常量或变量之前，必须先对该变量或常量进行定义，指出它的数据类型和存储器类型，以便编译系统为它分配相应的存储单元。定义一个变量时除了需要说明其数据类型之外，C51 编译器还允许说明变量的存储器类型。C51 编译器完全支持 8051 系列单片机的硬件结构，可以访问其硬件系统的所有部分。变量如果定义了存储器类型，就可以在单片机内部明确地定位存储器空间了。表 2-2 所列为 C51 编译器的存储器类型。

表 2-2 C51 编译器的存储器类型

存储器类型	说　明
data	直接访问内部数据存储器(128B)，速度最快
bdata	可位寻址内部数据存储器(16B)，允许位与字节混合访问
idata	间接访问内部数据存储器(256B)，允许访问全部内部地址
pdata	分页访问外部存储器(256B)
xdata	访问外部存储器(64KB)
code	程序存储器(64KB)

5. C51 的标识符与关键字

标识符用来标识源程序中某个对象的名称，这些对象可以是常量、变量、语句标号、数据类型、自定义函数及数组名等。C51 的标识符不是随意定义的，需要符合以下规则。

(1) C51 的标识符由字符串、数字(0～9)和下画线(_)组成。

(2) 所有的标识符的第一个字符必须是小写字母(a～z)、大写字母(A～Z)或者是下画线(_)。由于有些编译系统专用的标识符是以下画线开头的，所以不建议使用下画线开头命名标识符。

(3) 标识符对大小写敏感。

(4) 标识符最多支持 32 个字符。

(5) 定义标识符时不能使用 C51 的关键字。

6. C51 的关键字

关键字是被 C51 编译器已定义保留的专用特殊标识符，是 C51 语言的一部分。这些关键字有固定的名称和含义。程序中自定义的标识符不能与关键字相同。C51 采用 ANSI C 标准定义的 32 个关键字，见附表 2。

思考与练习 2

安装 Keil μVision2、Proteus 软件，熟悉操作界面。

第3章

并行输入/输出接口技术

通过本章的学习，应该掌握：

（1）单片机I/O端口的使用方法

（2）定时软件的编写方法

（3）LED的驱动方法

（4）使用单片机端口完成简单的控制动作

3.1　并行接口技术

微型计算机与外围设备之间的数据交换称为数据的输入/输出(Input/Output,I/O),将 CPU 与外围设备连接起来的硬件电路称为 I/O 接口电路。在单片机实际应用系统中,单片机要和很多外围设备相连接,如显示设备、开关、存储器等。通过传感器现场采集到的数据要通过 I/O 接口输入至单片机中,单片机处理的结果及各种控制信号也要通过 I/O 接口输出给外围设备去实现相应的控制动作。

CPU 与外设的通信形式有并行和串行两种。一次多位的数据传送方式称为并行 I/O,一次一位的数据传送方式称为串行 I/O,关于串行数据传送方式将在第 6 章介绍。

1. 并行 I/O

MCS-51 系列单片机有 4 个 8 位双向并行 I/O 端口,分别称为 P0、P1、P2 和 P3 端口,共 32 根口线,每位均由锁存器、输出驱动器和输入缓存器组成。

P0 端口是 8 位漏极开路的双向并行 I/O 端口。它既能用作通用 I/O 端口,又能用作地址/数据总线,当单片机要访问外部存储器时,可以分时操作。它可以用作低 8 位地址线,又可以作为 8 位数据总线使用。对于 8051、8751 单片机,P0 端口能作通用 I/O 端口或地址/数据总线使用,对于 8031 单片机,P0 端口只能用作地址/数据总线。

P1 端口是 8 位准双向并行 I/O 端口,作通用的 I/O 端口使用,外接 I/O 设备。在 8052 中 P1 端口的 P1.0 和 P1.1 具有变异功能,用于定时器/计数器 2 的输入端和捕捉/重装触发器。

P2 端口是 8 位准双向并行 I/O 端口,可以作通用的 I/O 端口使用。当访问外部存储器时,它用于输出高 8 位地址。对于 8031 单片机来说,P2 端口通常只作为地址总线口使用,而不作 I/O 接口线直接与外围设备连接。

P3 端口是双功能端口,可作通用的 I/O 端口使用,也可以用作第二功能端口,在进行第二功能操作前,第二功能的输出锁存器必须先用软件程序置 1,其第二功能见表 3-1。

表 3-1　P3 端口第二功能说明

P3 引脚	第二功能说明	P3 引脚	第二功能说明
P3.0	RXD 串行数据接收	P3.4	T0 定时器/计数器 0 输入
P3.1	TXD 串行数据发送	P3.5	T1 定时器/计数器 1 输入
P3.2	INT0 外部中断 0 请求	P3.6	WR 写信号
P3.3	INT1 外部中断 1 请求	P3.7	RD 读信号

P0 端口的输出缓冲器能驱动 8 个 LSTTL 的电路,用作通用 I/O 端口使用时,必须外加上拉电阻。P1、P2 和 P3 端口的输出能驱动 4 个 LSTTL 电路,当实际负载超过时,也应加驱动器。

2. 对并行I/O端口的操作

在用作通用I/O端口时,如果需要读入数据,必须事先向I/O端口写1才能读到正确的数据。输出时,直接将数据写到相应的I/O端口即可。

在单片机大部分的应用中,常常将单片机的并行端口作为通用I/O端口使用,通过单片机的I/O端口将外围设备连接在一起读入信息并发送控制信号。

下面将通过几个设计案例来掌握单片机I/O端口的使用。

3.2 流水灯控制器的设计

3.2.1 设计任务

有一组8个彩色发光二极管(LED)和两个开关K1、K2,要求制作一个彩灯控制器(使用单片机)来控制这组彩灯的亮灭顺序,具体如下。

(1) 开机后,所有的发光二极管均亮2s后熄灭。

(2) 若开关K1、K2均打开时,所有的发光二极管均熄灭。

(3) 当开关K1合上后,发光二极管按顺时针依次亮灭,每个LED亮灭各1s。

(4) 当开关K2合上后,发光二极管按逆时针一次亮灭,每个LED亮灭各1s。

(5) 若开关K1、K2同时合上,8个发光二极管同时亮灭,时间间隔2s。

3.2.2 任务分析及方案制订

这是一个比较常见并行端口使用的例子,可以使用单片机的一个端口(如P1)来控制发光二极管的亮灭,另外可以使用另一个端口(如P0)作为两个开关的输入。

具体电路设计原理框图如图3-1所示。

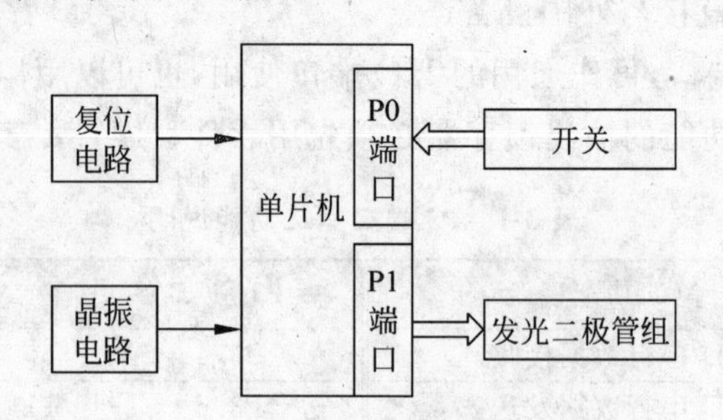

图3-1 流水灯控制器原理框图

3.2.3 硬件设计

1. 单片机的发光二极管驱动电路

发光二极管的驱动电路有很多种,主要取决于发光二极管的驱动电流的大小,如果发光二极管的个头比较小，所需的电流只有 1～2mA，可以采用直接驱动的方式，如图 3-2(a)所示。图中发光二极管负极和单片机引脚 P1.0 之间串接了一个 560Ω 的限流电阻，防止发光二极管和单片机的引脚 P1.0 因为电流过大烧坏，使发光二极管和单片机都工作在安全状态。

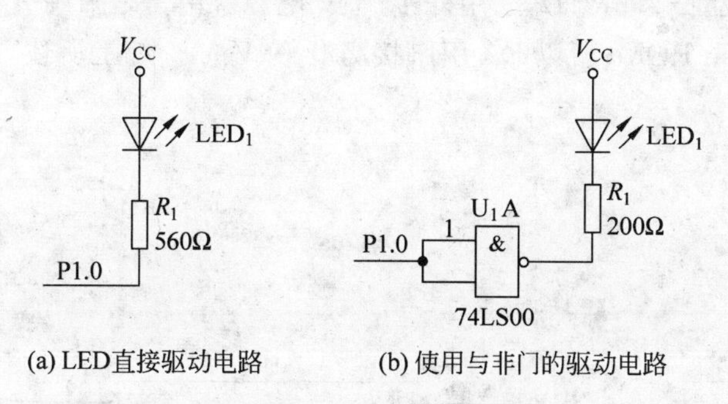

(a) LED直接驱动电路　　(b) 使用与非门的驱动电路

图 3-2　驱动电路

如果发光二极管功率稍微有点大，所需电流在 20mA 左右，就不能采取直接驱动的方式了，可以使用双输入的与非门来驱动 LED，如图 3-2(b)所示。图中采用的与非门为 74LS00，当单片机通过引脚 P1.0 输出 1(高电平)时，与非门的输出为低电平，通过与非门的灌电流驱动 LED，点亮发光二极管。另外还可以使用三极管来驱动发光二极管，具体电路如图 3-3 所示，当单片机通过引脚 P1.0 输出 1(高电平)时，三极管处于放大或饱和状态，流过 LED 的正向电流为三极管的集电极电流，LED 点亮；当单片机通过引脚 P1.0 输出 0(低电平)时，三极管截止，流过三极管集电极的电流是微小的漏电流，不足以使 LED 发光，LED 熄灭。为了使 LED 可靠工作，应该使三极管工作在饱和状态下。

在本设计中使用的是低电流的发光二极管，所以采用直接驱动方式。使用单片机的 P0 端口来控制 8 个发光二极管，具体电路如图 3-5 所示。

2. 开关输入电路

在设计中要用到 2 个开关。当开关比较少时，通常会将开关直接和单片机的 I/O 引脚直接相连，具体电路如图 3-4 所示。当开关没有合上时，单片机的 I/O 引脚 P0.0 或 P0.1 在上拉电阻的作用下，电平为高电平。当有开关按下时，引脚的电平就变为低电平。

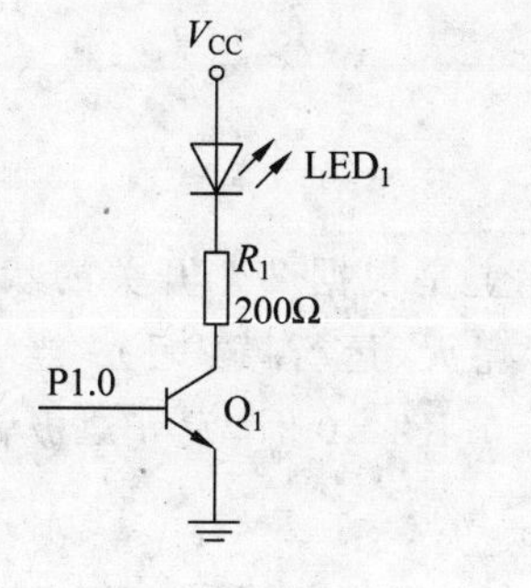

图 3-3　使用三极管驱动电路

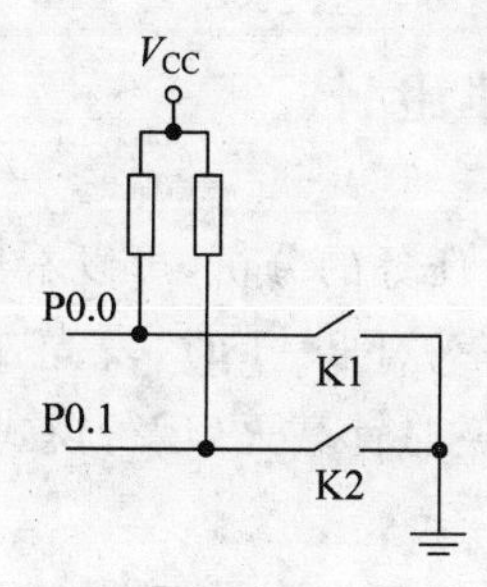

图 3-4　开关电路

如果开关超过 10 个以上时,就建议使用行列式键盘,具体使用见第 9 章。

3. 其他电路

在设计单片机系统时,不要忘记设计复位电路、晶振电路等最小系统中必须的电路。在本设计中使用的晶振为 6MHz,采用外接+5V 电源。由于是采用 AT89C51 单片机,它内部有 4KB 的 Flash ROM,所以 EA 引脚接高电平(V_{CC})。综上所述,控制器的具体电路如图 3-5 所示。

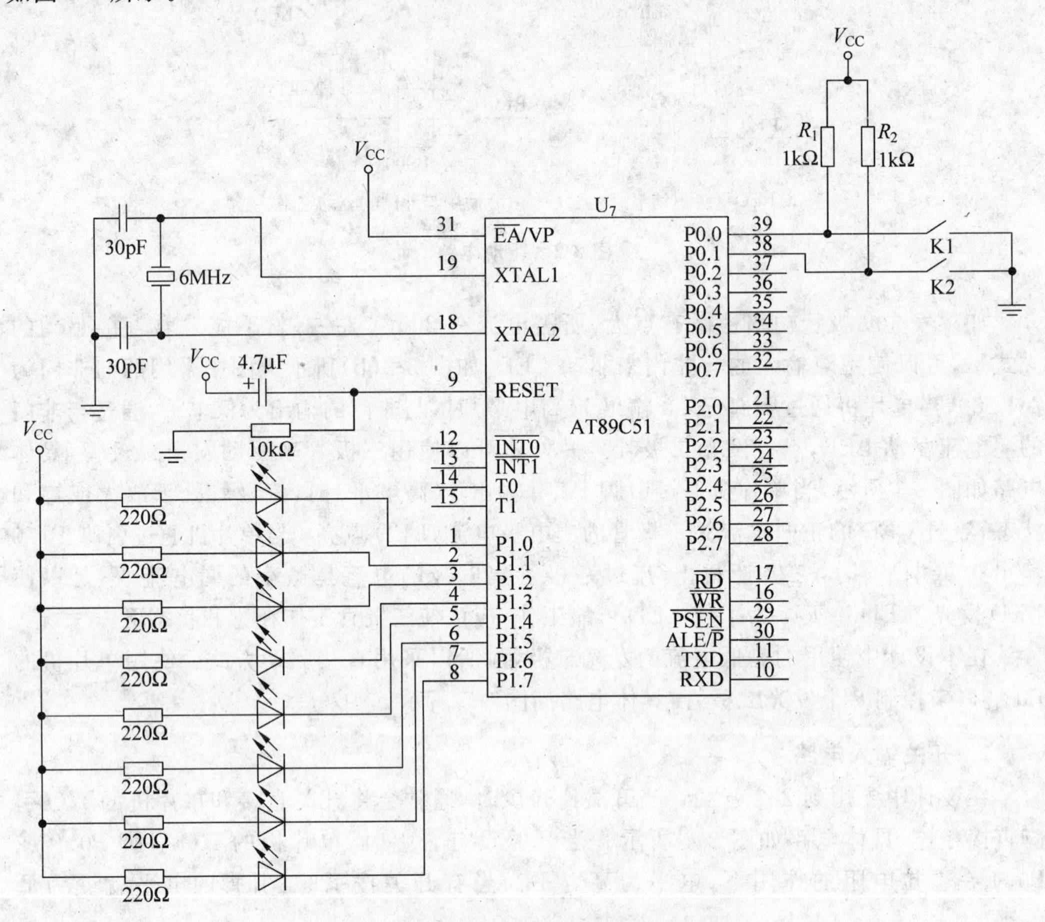

图 3-5 简单的流水灯控制器电路原理图

3.2.4 软件设计

通过对设计任务的分析,可以看出控制器实际上是根据 2 个开关的状态来选择运行的模式。当 K1=0、K2=1 时,发光二极管顺时针亮灭(运行模式 1);当 K1=1、K2=0 时,发光二极管逆时针亮灭(运行模式 2);当 K1=0、K2=0 时,发光二极管同时亮灭(运行模式 3)。

所以控制器的工作流程如图 3-6 所示。

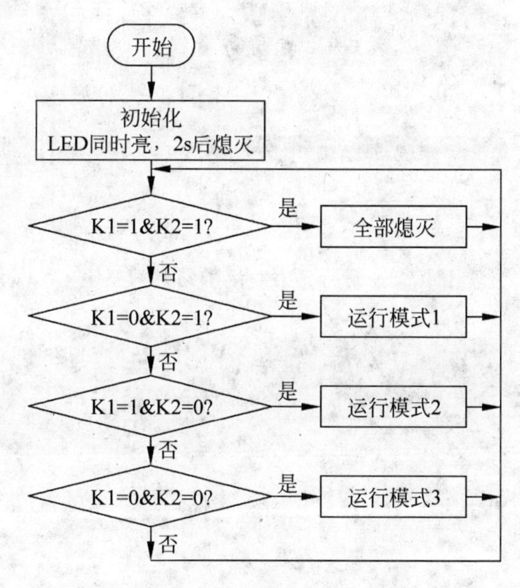

图 3-6　控制器的工作流程

1. 修改项目头文件

在编写系统控制软件前，将 K1、K2 的定义添加到项目头文件中，具体操作如下。在 Keil μVision2 下，打开项目头文件（mytest. h），将下面的两条定义加入即可，如图 3-7 所示。

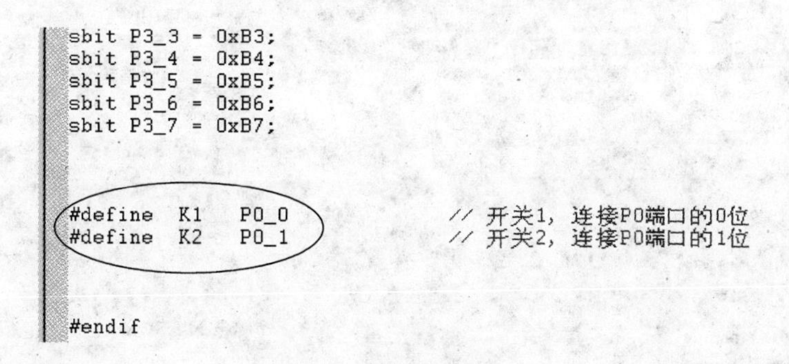

```
sbit P3_3 = 0xB3;
sbit P3_4 = 0xB4;
sbit P3_5 = 0xB5;
sbit P3_6 = 0xB6;
sbit P3_7 = 0xB7;


#define  K1    P0_0                    // 开关1, 连接P0端口的0位
#define  K2    P0_1                    // 开关2, 连接P0端口的1位


#endif
```

图 3-7　修改项目头文件

2. 延时子程序

在系统实现过程中有 1～2s 的延时，可以采用软件实现方式。延时子程序通常是采用多重循环来实现延时，在本例中采用的是双重循环，其中外层循环一次为 1ms，它是由内层循环参数和单片机的主频决定的，具体数据可以通过测试得到。在调试环境 Keil μVision2 下，设置好单片机的主频并打开系统软件进入调试环境。设置断点使系统运行到延时子程序前停止，同时观察项目工程窗口寄存器页中时间开销量的变化，如图 3-8 和图 3-9 所示。

通过图 3-8 和图 3-9 可以看到，当在运行延时子程序前，系统时间开销为 1.872898s，当运行完延时程序后，系统的时间开销为 1.873874s，前后时间差接近 1ms。

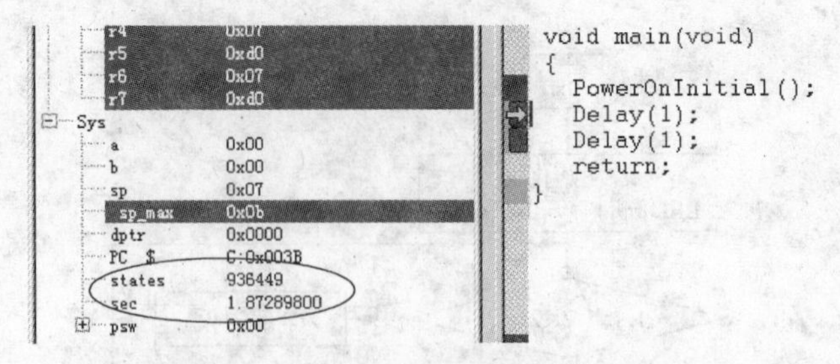

图 3-8 运行延时程序前的时间开销

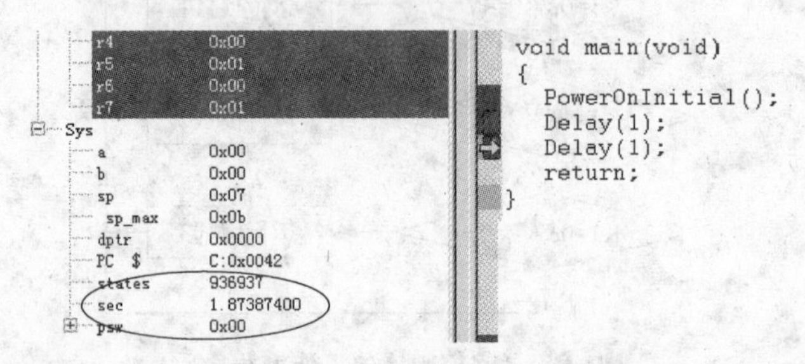

图 3-9 运行延时程序后的时间开销

延时子程序清单如下。

```
/******************** 延时程序,输入的参数为毫秒数 *******************/
void Delay(int Time_ms)
{
   int i;
   unsigned char j;
   for(i = 0;i < Time_ms;i ++ )
     {
       for(j = 0;j < 150;j ++ )          // 参数 150,需要根据单片机的主频不同进行修改
         {
         }
     }
}
```

3. 运行模式子程序

顺时针亮灭子程序、逆时针亮灭子程序中的 LED 灯点亮的关键是要给 P1 端口相应的引脚置低电平(0)。LED 灯要顺时针或逆时针依次亮灭,可以采用移位指令,同时又由于移位指令移位补零,所以先定义一个数 01H 或 80H(8 位数中最低位或最高位为 1),移位后再取反输出,这样可以满足要求,如顺时针亮灭子程序如下。

```
void RunModule1 (void)
 {
 unsigned char i,j;

 j = 0x01;                // 定义显示初值,第一个 LED 亮
 for (i = 0;i < 8;i ++ )
  {
   P1  =  ~j;             // 低电平 LED 亮,所以要取反
```

```
    j = j<<1;                          // 顺时针亮
    Delay(1000);                       // 亮 1s
   }
 return;
 }
```

整个程序清单如下。

```
//                  简单的流水灯控制器控制程序
//                  单片机晶振主频为 6MHz

#include  <reg51.h>                                    // 包含头文件
#include  <mytest.h>

// 子程序声明
void PowerOnInitial(void);                             // CPU 初始化程序
void RunModule1 (void);                                // K1 按下,运行模式 1,顺时针亮灭
void RunModule2 (void);                                // K2 按下,运行模式 2,逆时针亮灭
void RunModule3 (void);                                // K1、K2 按下,运行模式 3,同时亮灭
void Delay(int Time_ms);                               // 延时子程序

void main(void)
{
  PowerOnInitial();                                    // 开机后,对单片机进行初始化
  while (1)
  {
    if (K1 == 1 && K2 == 1)  P1 = 0xff;                // K1、K2 打开,LED 全灭
    else if(K1 == 0 && K2 == 1)  RunModule1();         // K1 合上,运行模式 1
    else if (K1 == 1 && K2 == 0)  RunModule2();        // K2 合上,运行模式 2
    else if (K1 == 0 && K2 == 0)  RunModule3();        // K1、K2 均合上,运行模式 3
  }
  return;
}

// 加电后,系统初始化
void PowerOnInitial(void)
{
    P1 = 0xff;                                         // 所有的 LED 灯均熄灭
    P0 = 0xff;                                         // P0 端口用作输入口
    P1  =  0xff;
    P1  =  0x00;                                       // LED 灯同时亮 2s
    Delay (2000);
    P1  =  0xff;
    return;
}

// 延时子程序,输入的参数为毫秒数
void Delay( int Time_ms)
{
   int i;
   unsigned char j;

   for(i = 0;i < Time_ms;i ++ )
      {
```

```
        for(j = 0;j < 150;j ++ )
          {
          }
      }
}


// 运行模式 1,LED 灯顺时针依次亮 1s
void RunModule1 (void)
{
  unsigned char i,j;

  j = 0x01;                                            // 定义显示初值,第一个 LED 亮
  for (i = 0;i < 8;i ++ )
   {
     P1 = ~j;                                          // 低电平 LED 亮,所以要取反
     j = j<<1;                                         // 顺时针亮
     Delay(1000);                                      // 亮 1s
   }
return;
}

// 运行模式 2,LED 灯逆时针依次亮 1s
void RunModule2 (void)
 {
   unsigned char i,j;
   j = 0x80;                                           // 定义显示初值,最后一个 LED 亮
  for (i = 0;i < 8;i ++ )
   {
     P1 = ~j;                                          // 低电平 LED 亮,所以要取反
     j = j>>1;                                         // 顺时针亮
     Delay(1000);                                      // 亮 1s
   }
return;
}

// 运行模式 3,LED 等同时亮灭,间隔 2s
void RunModule3 (void)
 {
  P1 = 0x00;                                           // LED 等同时亮,延时 2s
  Delay (2000);
  P1 = 0xff;                                           // LED 等同时灭,延时 2s
  Delay (2000);
  return;
 }
```

3.2.5 仿真与调试

在调试软件 Keil μVision2 中建立一个新设计项目,选定单片机为 AT89C51 并设定好其他设计参数(如主频为 6MHz、输出.HEX 文件等)后,将上面的程序加入项目,在

Project 菜单中单击 Build Target 命令，生成相应的. HEX 文件。

编译、连接完成后，可以进行软件调试。选择 Debug→Start/Stop Debug Session 选项进入调试界面，在菜单 Peripherals→I/O-Ports 中选择打开 P0 和 P1 状态显示窗口，如图 3-10 所示。

```
void PowerOnInitial(void);                    // CPU 初始化
void RunModule1 (void);                       // 运行模式
void RunModule2 (void);                       // 运行模式
void RunModule3 (void);                       // 运行模式
void Delay(int Time_ms);                      // 延时子程
                                              
void main(void)
{
  PowerOnInitial();                           // 开机后
  while (1)
  {
    if (K1==1 && K2==1)       P1 = 0xff;      // K1
```

Parallel Port 0 — Port 0 — P0: 0xFD　7 Bits 0 — Pins: 0xFD

Parallel Port 1 — Port 1 — P1: 0xFF　7 Bits 0 — Pins: 0xFF

图 3-10　程序调试界面

使用 Step(F11)、Step over(F10)单步运行快捷按钮单步运行程序，并在 P0 状态显示窗口上模拟设置 K1、K2 的状态，观察 P1 的输出，在观察窗口中相应位下的小方框内打钩的表示该位为 1，反之则为 0。

进入仿真调试软件 Proteus ISIS 工作界面，建立一个新设计文件。然后按照电路设计原理图，如图 3-11 所示依次调入相应的元件，并用总线和导线将各元件连接。

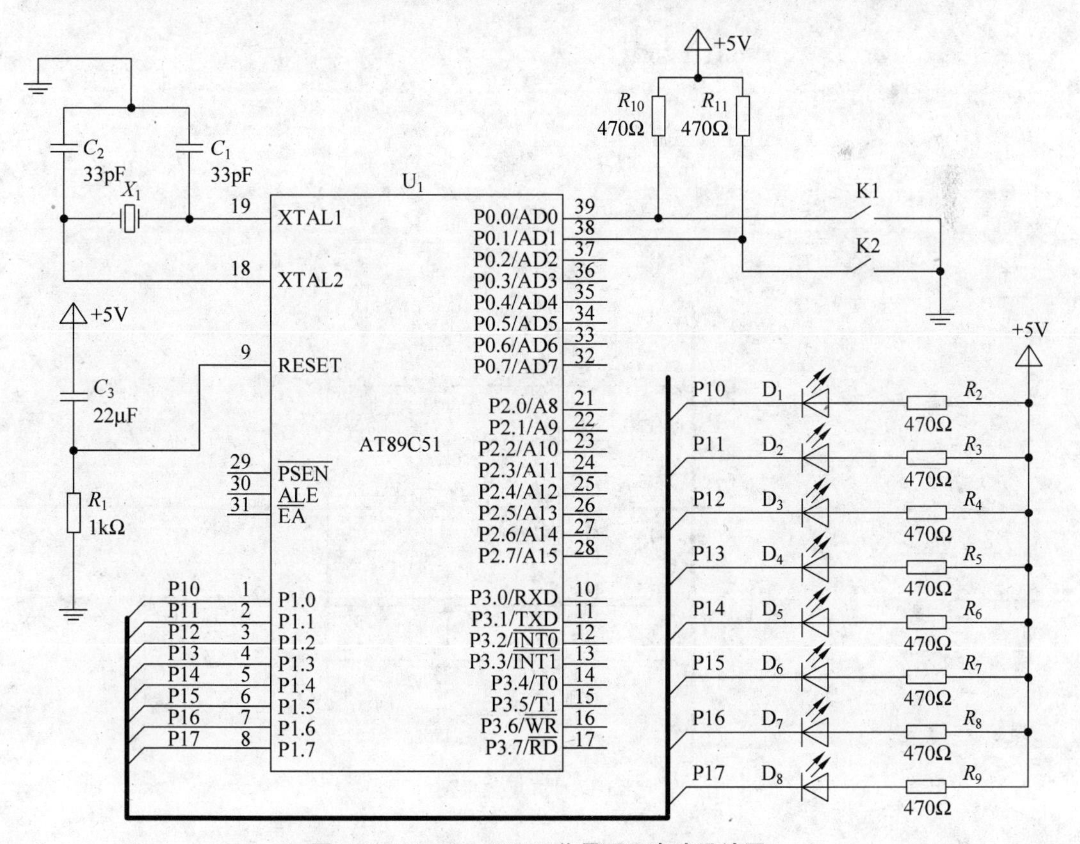

图 3-11　Proteus ISIS 工作界面下电路设计图

双击单片机图标，在“元件编辑对话框”（如图 3-12 所示）中，选择相应的. HEX 文件。

Edit Component

Component Reference: U1 Hidden:
Component Value: AT89C51 Hidden:
PCB Package: DIL40 Hide All
Program File: ..\程序\MYFIRST3.hex Hide All
Clock Frequency: 6MHz Hide All
Advanced Properties:
OK
Help
Data
Hidden Pins
Cancel

图 3-12 元件编辑对话框

在 Debug 菜单中单击 Execute 命令、按 F12 键或者单击工作界面的左下角的运行按钮 ▶ ，进入仿真运行状态，单击开关 K1、K2，使之打开或闭合。观察 LED 灯的亮灭是否符合设计要求。如当 K2 开关闭合、K1 打开时，可以观察到发光二极管（LED）的变化，发光二极管 D_4 亮，其余为灭，如图 3-13 所示。

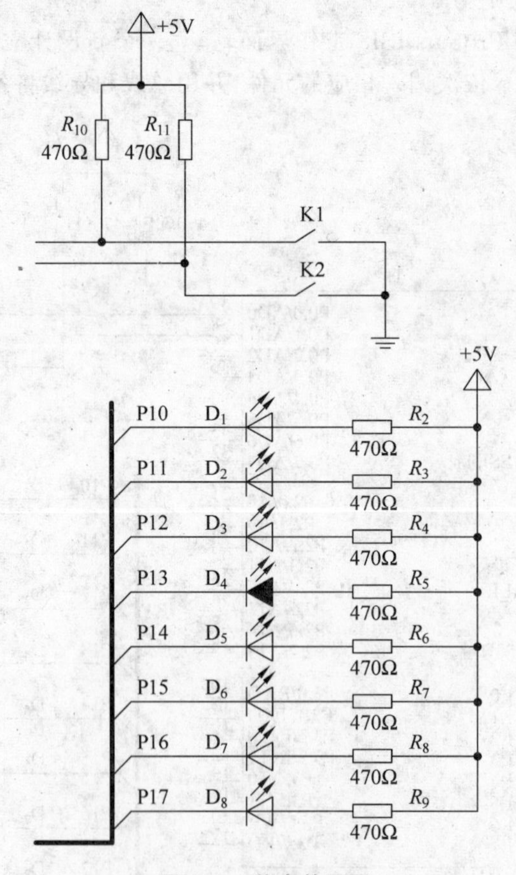

图 3-13 仿真效果图

如果发现当相应的开关打开或闭合时，LED 灯的亮灭顺序和设计的不相符，停止仿真，返回 Keil μVision 中修改程序，重新生成.HEX 文件后再进行仿真，观察运行效果，直到满足设计要求为止。如果仅仅修改程序不能实现设计要求时，要考虑是不是电路设计的问题。一般情况下，要将电路设计和软件设计综合在一起考虑，在保证电路设计基本正确的前提下修改程序。

3.3 交通灯控制器的设计

3.3.1 设计任务

在十字路口，东西南北每条道路各有一组红绿指示灯，用以指挥车辆和行人有序地通行。交通灯控制器就是用来自动控制十字路口的交通灯的亮灭的，其中要求东西方向的绿灯亮 24s，红灯亮 36s；南北方向的绿灯亮 30s，红灯亮 30s，依次循环。

3.3.2 任务分析及方案制订

和上一个设计一样，本设计主要也是通过并行接口来控制 LED 灯的亮灭。如果是用在实际路口时，只需在单片机的输出和交通灯之间加上功率驱动就可以了。在本设计中一共要采用 8 个 LED 灯，其中红绿 LED 灯各 4 个，分别用于东西南北路口。方案使用 P0 口来控制这 8 个 LED 灯，东西南北路口的红绿灯具体连接如下：P1.0 控制东路口红色 LED，P1.1 控制东路口绿色 LED；P1.2 控制西路口红色 LED，P1.3 控制西路口绿色 LED；P1.4 控制南路口红色 LED，P1.5 控制南路口绿色 LED；P1.6 控制北路口红色 LED，P1.7 控制北路口绿色 LED。

本设计的主要设计思想是时序控制。整个控制周期是在 60s 内完成的，可以画出交通灯控制信号变换时序图，如图 3-14 所示。

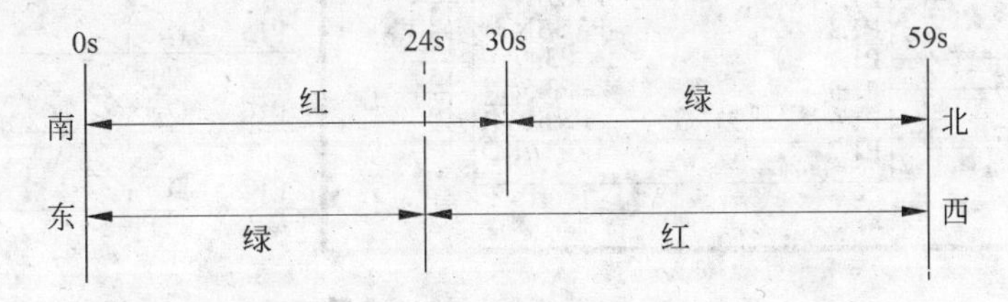

图 3-14　交通灯控制信号变换时序图

可以以时间为控制基准，在 0s、24s、30s 和 59s 处切换输出信号，以达到控制的目的。具体控制信号的输出时间切换见表 3-2。

表 3-2 控制器输出时序表

时间＼交通灯	北口绿灯	北口红灯	南口绿灯	南口红灯	西口绿灯	西口红灯	东口绿灯	东口红灯	P1 口输出
	P1.7	P1.6	P1.5	P1.4	P1.3	P1.2	P1.1	P1.0	
开始(0～24s)	1	0	1	0	0	1	0	1	0xA5
24～30s	1	0	1	0	1	0	1	0	0xAA
30～59s	0	1	0	1	1	0	1	0	0x5A

3.3.3 硬件设计

采用 4 个红色 LED 灯和 4 个绿色 LED 灯，由单片机的 P1 口控制驱动。具体的电路设计图如图 3-15 所示，其中 D_1、D_3、D_5、D_7 为红色 LED，D_2、D_4、D_6、D_8 为绿色 LED。

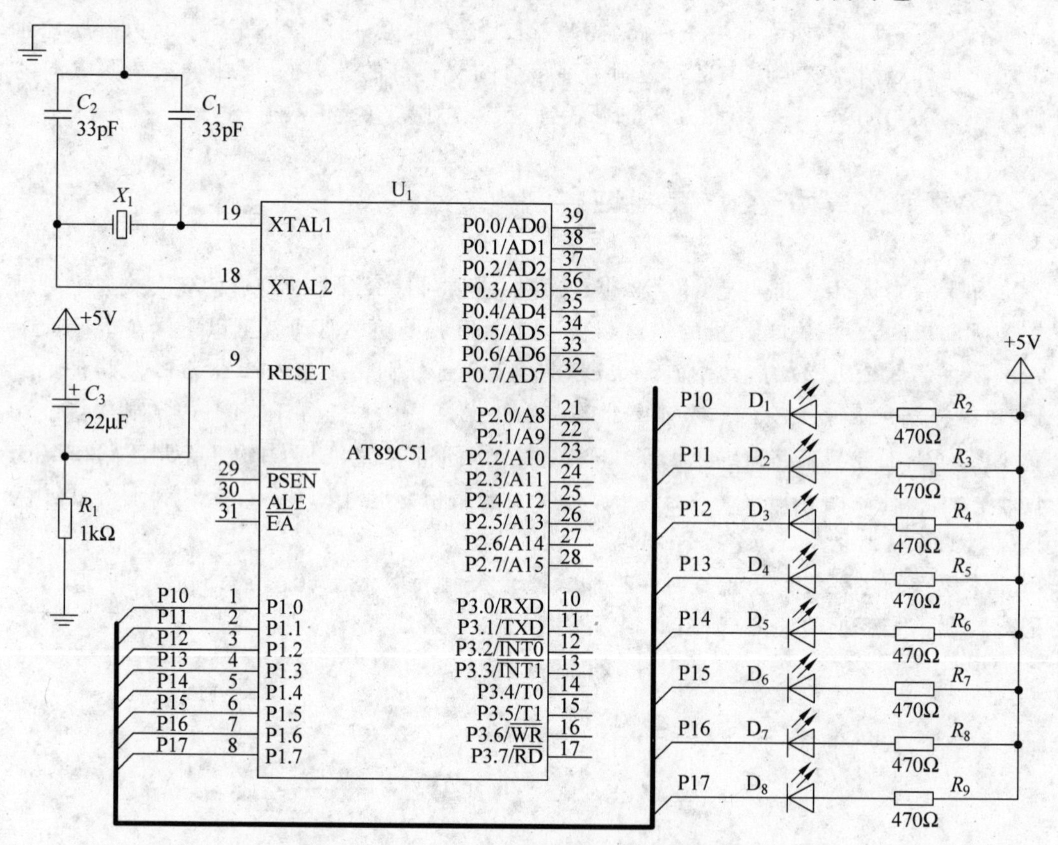

图 3-15 交通灯控制器电路原理图

3.3.4 软件设计

简单的交通灯控制器的软件控制比较简单，只需要在 60s 的时间段中，按照事先规定的时间点进行输入信号的切换就可以了。其流程图如图 3-16 所示。

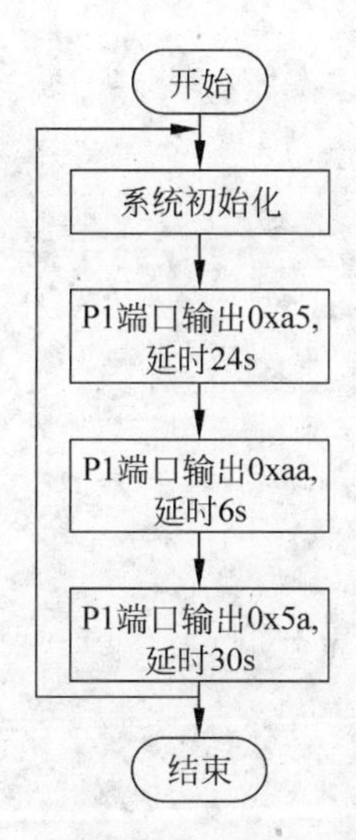

图 3-16　交通灯控制器软件流程图

源程序如下。

```
//                简单的交通灯控制器控制程序
  #include <reg51.h>
  #include  <mytest.h>

//子程序声明
  void PowerOnInitial(void);                  //CPU 初始化程序
  void RunModule (void);                      //运行程序
  void Delay(int Time_ms);                    //延时子程序

//主函数
 void main(void)
 {
   PowerOnInitial();                          //开机后,对单片机进行初始化
   while (1)
    {
       RunModule();                           //开始运行
    }
   return;
}
//加电后,系统初始化
void PowerOnInitial(void)
{
    P1 = 0xff;                                //所有的交通灯均熄灭
    return;
}

/******************* 延时程序,输入的参数为毫秒数 ******************/
void Delay(int Time_ms)
```

```
{

   int i;
   unsigned char j;

   for(i = 0;i < Time_ms;i ++ )
       {
        for(j = 0;j < 150;j ++ )
           {
           }
       }

}
/************************ 交通灯控制子程序 ***********************/
void RunModule (void)
 {
  unsigned char i;
  // 第一阶段 24s,此时南北口红灯亮,东西口绿灯亮
  P1 = 0xa5;
  for ( i = 0;i < 24;i ++ )
  {
     Delay(1000);
  }
// 第二阶段 6s,此时 4 个路口的红灯亮,绿灯灭
  P1 = 0xaa;
  for ( i = 0;i < 6;i ++ )
  {
     Delay(1000);        // 延时 1s
  }

 // 第三阶段 30s,此时南北口绿灯亮,东西口红灯亮
 P1 = 0x5a;
 for ( i = 0;i < 30;i ++ )
 {
    Delay(1000);
 }
 return;
}
```

3.3.5 仿真与调试

当按下运行按钮后,可以在仿真调试软件 Proteus ISIS 仿真界面下看到运行效果,其中 D_1、D_3、D_6、D_8 亮,其他均灭,如图 3-17 所示。

在仿真运行时,可以从运行界面的右下角看到程序开始运行后的时间开销情况,如图 3-18 所示,对应交通灯控制器的控制要求和 8 个 LED 亮灭的情况就可以看出运行的效果是否满足设计的要求,如果出现时间上的偏差,则修改程序中的定时参数,使之满足

设计要求。

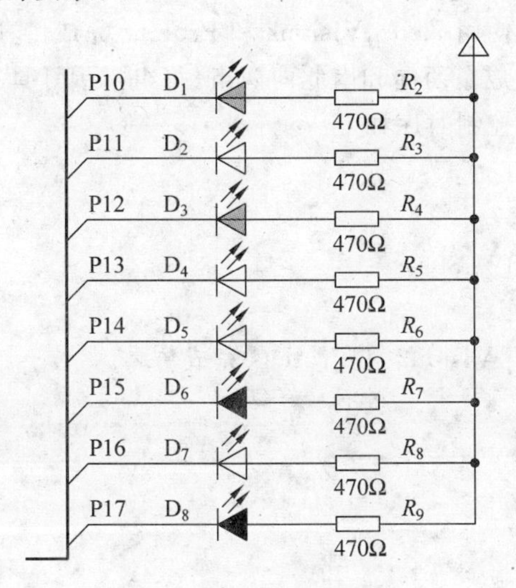

图 3-17 仿真效果图

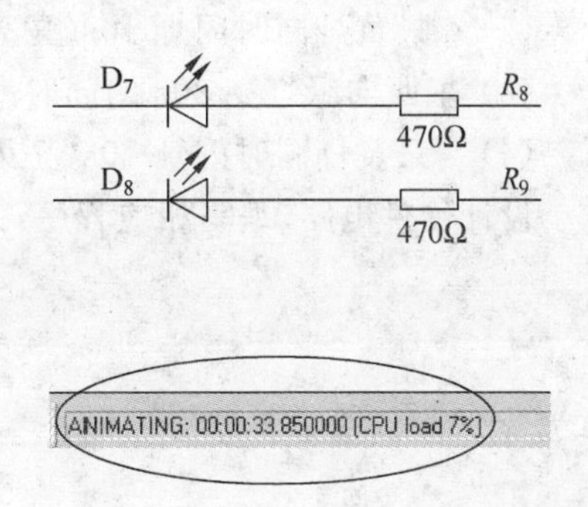

图 3-18 仿真时对应的程序时间开销

3.4 总结

1. 单片机输入/输出端口

输入/输出端口又称 I/O 端口，8051 系列单片机一般提供 4 个 8 位的并行 I/O 端口，其中 P0、P2 端口既可以用作通用 I/O 端口使用，又可以在外接存储器时充当地址/数据总线。P3 端口的除了用作通用 I/O 端口外，8 根线还可以有第二功能。

由于单片机 I/O 端口的驱动能力有限，一般在使用时，要用上拉电阻来增加驱动能力。

在利用 I/O 端口输入数据时，要事先向端口写入数据“1”，然后再读取数据。

2. 延时子程序

在单片机程序设计中，常常会用到时间延时。解决这个问题有两种方法，分别是软件延时和硬件延时。采用软件延时时，要注意延时的时间取决于采用的单片机的晶振主频和延时子程序中多重循环的次数。移植延时子程序时，要根据实际晶振的大小调整循环参数。

思考与练习 3

1. 8031 单片机可以给用户提供几个 I/O 端口？为什么？

2. 当实际负载能力超过单片机 I/O 端口的驱动能力时，该如何处理？

3. 有 8 个开关 K1～K8，有 8 个 LED 灯，现通过单片机的 P0 端口连接开关、P1 端口控制 LED 灯,要求 LED 灯能反映出开关的状态,开关闭合则相应位的 LED 灯亮,反之 LED 灯熄灭。要求设计电路、编写相应程序,并使用 Keil μVision2 和 Proteus 完成仿真。

4. 交通灯控制器设计。有 12 只 LED 灯分成东西向和南北向两组,每组指示灯具有相同的 2 只红灯、2 只黄灯和 2 只绿灯。交通灯控制时序如下。

(1) 东西向红灯亮 30s 的同时南北向的绿灯亮 30s。

(2) 4 只黄灯同时闪烁 10s(亮灭各 1s)。

(3) 东西向绿灯亮 30s 的同时南北向的红灯亮 30s。

(4) 4 只黄灯同时闪烁 10s(亮灭各 1s)。

设计硬件电路、编写相应程序,并使用 Keil μVision2 和 Proteus 完成仿真。

第4章

中断技术

通过本章的学习,应该掌握:

(1) 中断的基本概念

(2) 单片机中中断相应寄存器的定义和使用

(3) 中断服务程序的编写

(4) 外部中断的具体应用

4.1 中断与中断技术

中断是指当有突发事件发生时，计算机暂停执行当前的程序，转而去执行处理突发事件的程序，当事件处理完后，计算机再回到原先的中断处继续执行原先的程序。这个过程称为中断。

计算机指令的执行是逐条顺序进行的，程序员并不能肯定要处理的一些事件在何时发生，因此在编写程序时，对这些突发事件是无法实时处理的。所以引入中断机制，计算机就可以轻松地处理这些突发事件了。

单片机中实现中断功能的部件称为中断系统，也就是中断管理系统。产生中断的请求源称为中断源，中断源向 CPU 发出的请求称为中断请求，CPU 暂停当前的工作转去处理中断源事件的过程称为中断响应，对整个事件的处理过程称为中断服务，CPU 执行的处理程序称为中断服务程序，事件处理完毕后 CPU 返回到被中断处称为中断返回，存放在程序存储器中的中断服务程序的起始地址（又称入口地址）称为中断向量。

由于单片机在任何一个时刻只能处理一个中断请求，可是当有多个中断源同时向单片机发出中断请求时，就会出现冲突，因此单片机就会由程序员事先规定中断源的优先级别，也就是中断的优先权来响应中断。在单片机正在执行一个中断服务程序的过程中，单片机又接受到一个优先权比当前正在执行的中断优先权还要高的中断请求时，就会再次引起中断，暂停执行当前的程序，转而去响应更高级别的中断，称之为中断嵌套。

4.1.1 中断类型

在单片机运行过程中，需要单片机进行中断处理的中断源有很多种，通常将这些中断源分成内中断和外中断两种类型。

1. 内中断

内中断是指由 CPU 内部原因引起的中断，由于这类中断发生在 CPU 的内部，所以称为内中断。

内中断包括陷阱中断和软件中断两种。陷阱中断是指 CPU 内部事件引起的中断，例如程序执行中的故障或 CPU 内部的硬件故障等；软件中断是由一些专用的软件中断指令或系统调用指令引起，通过软件中断可以引入程序断点，便于进行程序调试和故障检测。

2. 外中断

外中断是由 CPU 以外的原因引起的，通过硬件电路向 CPU 发出中断请求，把这类中断称为硬件中断，外中断主要用于实现外设的数据传送、实时处理以及人机交流等。

属于外中断的中断源主要有输入输出设备(如键盘、显示器等)及外部存储设备、实时时钟或计数电路、电源故障等。

4.1.2　单片机中断系统

8051系列单片机中断系统的主要任务就是对中断源发来的中断请求进行管理。

8051系列单片机共有3类5个中断源,2个优先级,中断处理程序可实现两级嵌套,有较强的中断处理能力。

5个中断源中,其中2个为外部中断INT0、INT1,2个为片内定时器/计数器T0和T1的溢出中断请求TF0和TF1,另一个为片内串行口中断请求TI或RI,这些中断请求信号分别锁存在特殊功能寄存器TCON或SCON中。

对于用户而言,MCS-51单片机中断系统实际上就是以下的几个特殊功能寄存器。

1. 定时器/计数器控制寄存器TCON

字节地址为88H,其格式见表4-1。

表4-1　定时器/计数器控制寄存器格式

TCON	TF1	TR1	TF0	TR0	IE1	IT1	IE0	IT0
位地址	8FH	8EH	8DH	8CH	8BH	8AH	89H	88H

其中与中断有关的控制位有6位:IT0、IE0、IT1、IE1、TF0、TF1。

IT0:外部中断0请求触发方式控制位。IT0为0时,为电平触发方式,低电平有效;IT0为1时,INT0为边沿触发方式,下降沿有效。IT0可由软件置1或清0。

IE0:外部中断0请求标志位。CPU采样到INT0出现有效请求时,该位由硬件置位,当CPU响应中断,转向中断服务程序时由硬件将IE0清零。

IT1:外部中断1请求触发方式控制位,同IT0。

IE1:外部中断1请求标志位,同IE0。

TF0:定时器/计数器T0溢出中断请求标志。在启动T0计数后,T0从初值开始加1计数,当最高位产生溢出时,由硬件置位TF0向CPU申请中断,CPU响应TF0中断时,清除该标志位,TF0也可用软件查询后清除。

TF1:定时器/计数器T1溢出中断请求标志,同TF0。关于定时器中断的使用,将在第5章详细讲述。

当8051单片机复位后,TCON被清零。

2. 串行口控制寄存器SCON

字节地址为98H,SCON的低2位为串行口接受中断和发送中断的标志,其格式见表4-2。

表 4-2 串行口控制寄存器格式

SCON	SM0	SM1	SM2	REN	TB8	RB8	TI	RI
位地址	9FH	9EH	9DH	9CH	9BH	9AH	99H	98H

TI：串行口的发送中断标志。当发送完一帧 8 位数据后，由硬件置位。由于 CPU 响应发送器中断请求后转向执行中断服务程序时并不清除 TI，TI 必须由用户在中断服务程序中清除。

RI：串行口的接受中断标志。当接收完一帧 8 位数据时置位。同样，RI 必须由用户的中断服务程序清除。关于串行口中断的使用，将在第 6 章中讲述。

8051 系列单片机复位以后，SCON 也被清零。

3. 中断允许控制寄存器 IE

对于每个中断源，其开放与禁止是由 IE 来实现两级控制的。所谓两级控制是指在 IE 中设置了一个总允许控制位 EA；当 EA=0 时，单片机不响应所有的中断请求；当 EA=1 时，单片机是否响应中断则取决于每个中断源的中断允许位的状态。IE 寄存器格式见表 4-3。

表 4-3 中断允许控制寄存器格式

IE	EA	—	—	ES	ET1	EX1	ET0	EX0
位地址	AFH	AEH	ADH	ACH	ABH	AAH	A9H	A8H

其中与中断有关的控制位一共有 6 位：EA、ES、ET1、ET0、EX1、EX0。

EA：中断总允许控制位。EA=0，禁止总中断；EA=1，开放总中断。

ES：串行口中断允许控制位。ES=0，禁止串行中断；ES=1，允许串行中断。

ET1：定时器/计数器 T1 中断允许控制位。ET1=0，禁止 T1 中断；ET1=1，允许 T1 中断。

EX1：外部中断 1 中断允许控制位。EX1=0，禁止外部中断 1；EX1=1，允许外部中断 1。

ET0：定时器/计数器 T0 中断允许控制位。ET0=0，禁止 T0 中断；ET0=1，允许 T0 中断。

EX0：外部中断 0 中断允许控制位。EX0=0，禁止外部中断 0；EX0=1，允许外部中断 0。

4. 中断优先权控制寄存器 IP

8051 单片机中的每一个中断源均有两级中断优先权，可由中断允许控制寄存器 IP 中相应位通过置 1 还是清 0 来决定其为高优先级还是低优先级，从而保证中断嵌套的实现。IP 寄存器格式见表 4-4。

表 4-4 中断优先级控制寄存器格式

IP	—	—	—	PS	PT1	PX1	PT0	PX0
位地址	BFH	BEH	BDH	BCH	BBH	BAH	B9H	B8H

其中和中断相关的控制位有5个PS、PT1、PT0、PX1、PX0。

PS：串行口中断优先权控制位。

PT1：定时器/计数器1中断优先权控制位。

PX1：外部中断1中断优先权控制位。

PT0：定时器/计数器0中断优先权控制位。

PX0：外部中断0中断优先权控制位。

IP寄存器中若有某一个控制位置1，则相应的中断源就被规定为高优先级中断，反之则是低优先级中断。一个正在被执行的低优先级中断服务程序能被高优先级中断源的中断请求所中断，形成中断嵌套。相关级别的中断源不能被同级别的中断源所中断，也不能被低于其级别的中断源所中断。

8051单片机有5个中断源，只有2个中断优先级，因此肯定会有2个以上的中断源拥有同样级别的中断优先级，对于同一中断优先级，单片机安排的中断响应次序如下：外部中断0→定时器/计数器0中断→外部中断1→定时器/计数器1→串行口中断。也就是说当同样优先级的中断请求到来时，单片机首先会响应外部中断0的中断请求，最后才会响应串行口的中断请求。

单片机复位之后IE和IP均被清0。用户可按需要置位或清除IE的相应位来允许或禁止各中断源的中断请求。为使某中断源允许中断，首先要使CPU开放中断，所以必须同时使EA置1。至于中断优先级寄存器IP，其复位后清0将会把各个中断源置为低优先级，同样，用户也可以将相应位置1或清0来改变各中断源的中断优先级，整个中断系统结构如图4-1所示。

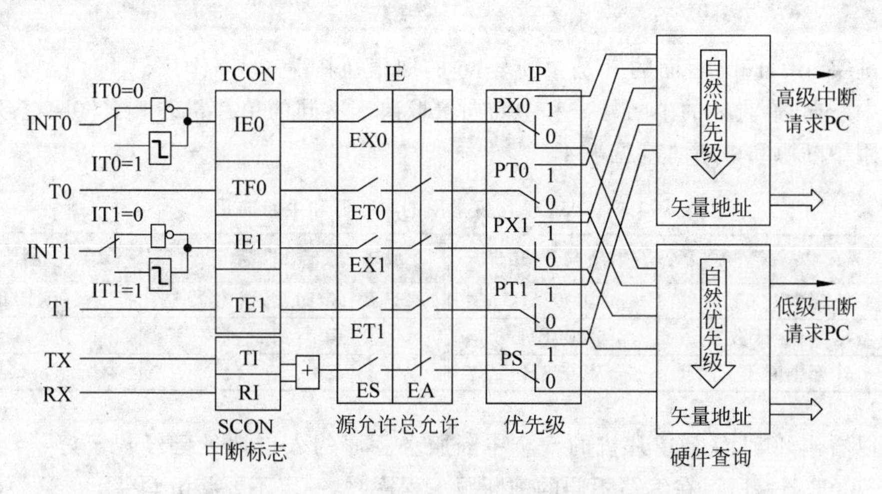

图4-1　8051单片机中断系统结构示意图

4.1.3　中断响应及返回

单片机响应中断的基本条件是：中断源有请求，中断允许寄存器IE相应位置为1，EA为1。

单片机一旦响应中断，首先置位相应的优先级有效触发器，然后执行一个硬件子程序调用把断点地址压入堆栈，再把与各中断源对应的中断服务程序的首地址送到程序计数器 PC 中，同时清除中断请求标志（TI 和 RI 除外），从而控制程序转移到中断服务程序。以上过程均由中断系统自动完成。

中断返回是由中断返回指令决定，单片机执行返回指令，自动将压入堆栈的断点地址弹回到程序计数器 PC 中，单片机系统返回被中断处继续执行原来的程序。

4.2 中断服务程序的设计

由于单片机响应中断后，只保护断点而不对其他的寄存器（如累加器 A 及标志位寄存器 PSW 等）的内容进行保留，而且不能清除串行口中断请求标志 TI 和 RI，也无法清除 INT0 和 INT1，因而进入中断服务子程序后，如再用到上述寄存器就会破坏它原来的内容，一旦中断返回将造成主程序的混乱。所以在进入中断服务子程序后，一般应将中断服务程序中要用到的寄存器内容事先保存（即现场保护），然后再执行中断服务程序，在返回主程序前再将这些寄存器的内容恢复（即现场恢复）。

在 C 语言程序中，中断服务程序是由中断处理函数的形式来实现的，中断处理函数的一般定义形式如下：

```
函数类型　函数名(形式参数)[interrupt n][using r]
```

关键字 interrupt 后面的 n 是中断号，n 的取值范围为 0～31。C51 编译器从 8n＋3 处产生中断向量，具体的中断号 n 和中断向量取决于不同的单片机芯片。8051 系列单片机的常用中断源和中断向量见表 4-5。

表 4-5　8051 单片机常用的中断源和中断向量

n	中　断　源	中断向量 8n＋3	n	中　断　源	中断向量 8n＋3
0	外部中断 0	0003H	3	定时器/计数器 1	001BH
1	定时器/计数器 0	000BH	4	串行口	0023H
2	外部中断 1	0013H			

可以看出 8051 系列单片机的 5 个中断服务程序的入口地址已经规定好了，分别是 0003H～0023H。所以在编写不同的中断服务程序时，一定不要将 n 写错。

8051 系列单片机可以在内部 RAM 中使用 4 个不同的工作寄存器组，每个寄存器组中包含 8 个工作寄存器（R0～R7）。关键字 using 专门用来选择 8051 单片机中不同的工作寄存器组。using 后面的 r 是一个 0～3 的常数，用来分别选中 4 个不同的工作寄存器组。在定义中断服务函数时 using 是一个可选项，如果不用该可选项，则由编译器选择一个寄存器组做绝对寄存器组访问。

当进入中断后，如果不想将现有的寄存器入栈，可通过切换寄存器组来实现现场数据的保护,如在进入中断前,系统使用0组寄存器,使用 using 1 进入中断后,则切换到1组,然后退出中断时,再切换回0组。

在进入中断处理函数时,特殊功能寄存器 ACC、B、DPH、DPL、PSW 将被保护入栈。如果不使用寄存器组切换,则将中断处理函数中所用到的全部工作寄存器组都入栈。函数返回之前,所有的寄存器内容出栈。

中断处理函数调用与普通C函数调用是不一样的,中断事件发生后,中断处理函数被自动调用,它没有函数参数,也没有返回值。所以在定义中断处理函数类型时,将其定义为 void 类型,以明确说明没有返回值。

在程序中不能直接调用中断处理函数,否则会产生编译错误。但是在中断处理函数中可以调用其他函数。如果在中断处理函数中调用了其他函数,则被调用函数必须与中断处理函数使用的寄存器组相同,否则会产生不正确的结果。

在采用汇编语言编写中断服务程序时,由于8051单片机各中断源的入口地址之间仅相隔8个单元,如果中断服务程序的长度超过8个地址单元时,一定要注意在中断入口地址处安排一条跳转指令,转到其他有足够空余存储器单元的地址空间。

4.3 外部中断的使用举例

4.3.1 设计任务

有一组8个彩色发光二极管 LED 和两个开关 K1、K2,要求通过开关开控制这组彩灯的亮灭顺序,具体如下。

(1) 开机后,所有的发光二极管均亮2秒钟后,熄灭。

(2) 当开关 K1 合上后,发光二极管按顺时针依次亮灭,每个 LED 亮灭各 1s。

(3) 当开关 K2 合上后,发光二极管按逆时针依次亮灭,每个 LED 亮灭各 1s。

(4) 如果在 K1 合上后,再合上 K2 则发光二极管按逆时针亮灭;如果在 K2 合上后,再合上 K1,发光二极管依然是按逆时针亮灭。

4.3.2 任务分析及软硬件设计

从设计要求中可以看出,K2 的优先级要比 K1 的优先级要高,只有在 K2 没有合上时,K1 合上才能实现发光二极管顺时针亮灭,因此采用中断方式是最简捷的方法。将 K1、K2 作为外部中断源引入到单片机的外部中断输入引脚(INT0、INT1),并将 K1 的中断置为低优先级,K2 置为高优先级。具体硬件设计图和第3章的简单的流水灯控制器相仿,只是将开关 K1、K2 接入 INT0、INT1 上,如图 4-2 所示。

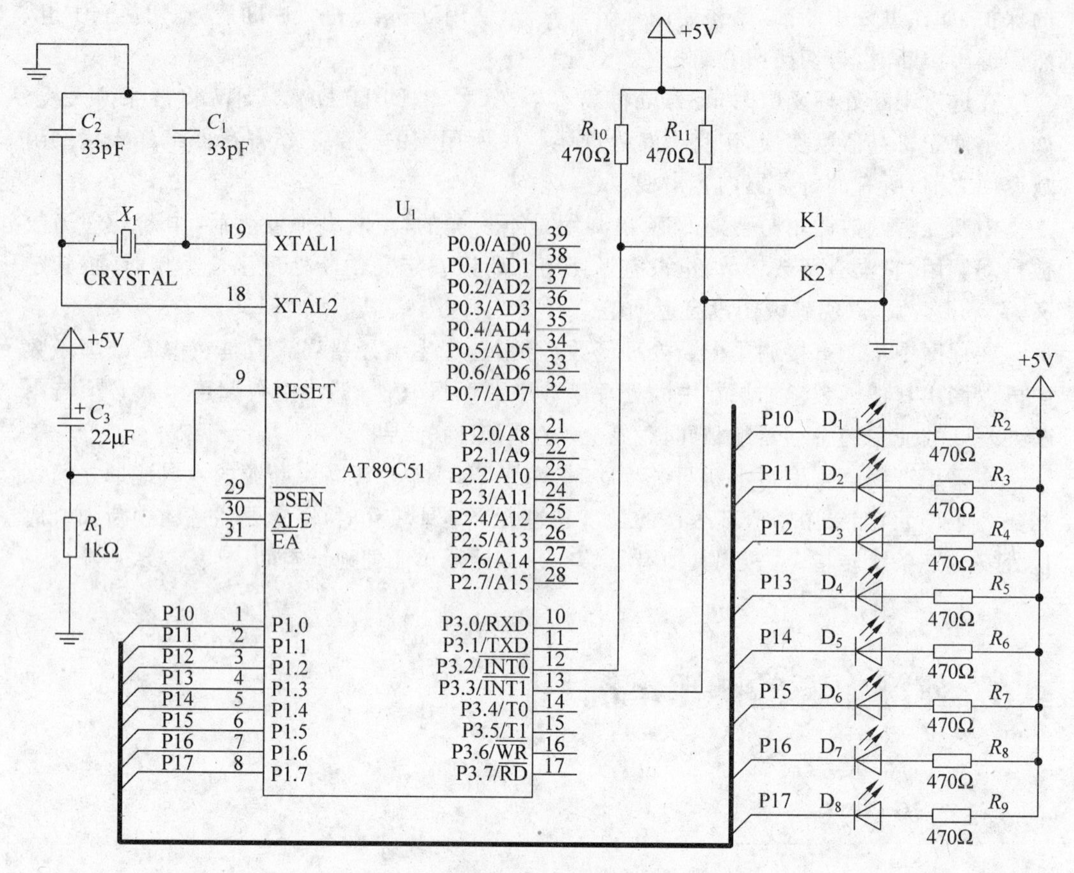

图 4-2　硬件电路设计原理图

源程序文件如下。

```
//                    采用中断的流水灯控制器控制程序
//                    单片机晶振主频为 6MHz
/************************** 文件名：LED_Interrupt.c ******************/
#include  <reg51.h>

void PowerOnInitial(void);              // CPU 初始化程序
void Ex_Int0 (void);                    // 外部中断 0,LED 顺时针亮灭
void Ex_Int1 (void);                    // 外部中断 1,LED 逆时针亮灭
void Delay(int Time_ms);                // 延时子程序

void main(void)
{
  PowerOnInitial();                     // 开机后,对单片机进行初始化
  while (1)
  { }
   return;
}
```

```
// 上电时,所有的LED灯亮2s后熄灭
// 将外部中断0设为下降沿触发,低优先级
// 将外部中断1设为下降沿触发,高优先级
void PowerOnInitial(void)
{
    P1 = 0xff;              // 所有的LED灯均熄灭
    P0 = 0xff;              // P0口用作输入口
    P1  =  0x00;            // LED灯同时亮2s
    Delay (2000);
    P1  =  0xff;
    EA  =  1;               // 总中断允许打开
    IT0  = 1;               // 下降沿触发
    IT1  = 1;               // 下降沿触发
    EX0  = 1;               // 允许外部中断0
    EX1  = 1;               // 允许外部中断1
    PX0  = 0;               // 设置外部中断0为低优先级
    PX1  = 1;               // 设置外部中断1为高优先级
    return;
}

// 延时子程序,输入的参数为毫秒数
void Delay(int Time_ms)
{
   int i;
   unsigned char j;

   for(i = 0;i < Time_ms;i ++ )
      {
       for(j = 0;j < 150;j ++ )
          {
          }
      }
}

// 外部中断0函数,当K1合上时,LED灯顺时针依次亮1s
void Ex_Int0 (void) interrupt 0 using 1
 {
  unsigned char i,j;

  j = 0x01;                 // 定义显示初值,第一个LED亮
  for (i = 0;i < 8;i ++ )
   {
     P1  =  ~j;             // 低电平LED亮,所以要取反
     j  =  j<<1;            // 顺时针亮
     Delay(1000);           // 亮1s
```

```
    }
return;
}
// 外部中断函数,当 K2 合上时,LED 灯逆时针依次亮 1s
void Ex_Int1 (void) interrupt 2 using 2
{
    unsigned char i,j;
    j= 0x80;                    // 定义显示初值,最后一个 LED 亮
   for (i=0;i<8;i++)
    {
       P1 = ~j;                 // 低电平 LED 亮,所以要取反
       j = j>>1;                // 顺时针亮
       Delay(1000);             // 亮 1s
    }
return;
}
```

一定要注意在程序开始时(初始化)要将用到的中断允许开放,同时也要将总中断允许开放。使用到外部中断时,要事先定义中断源触发方式是电平触发还是边沿(下降沿)触发。

在主函数中,当对中断完成设置后,用到了一条语句 while(1){},这实际上就是让单片机进入死循环,目的就是等待中断请求的到来。当有中断请求到来时,单片机响应中断,执行中断处理函数,中断结束返回后,又进入死循环中。while(1){}语句是单片机主函数中常用的一条语句,主要作用就是等待中断请求,响应中断,执行中断服务函数。

4.3.3 系统的仿真实现

在调试软件 Keil μVision2 中,建立一个新设计项目,选定单片机为 AT89C51,并设定好其他设计参数(如主频为 6MHz、输出.HEX 文件等)后,将上面的程序加入项目,在 Project 下拉菜单中单击 build target 命令。编译连接完成后,生成相应的.HEX 文件。

进入仿真调试软件 Proteus ISIS 工作界面,建立一个新设计文件。然后按照硬件电路设计原理(如图 4-2 所示)依次调入相应的元件,并用总线和导线将各元件连接。再双击单片机,添加生成好的程序代码(.HEX 文件)。按下运行键,观察单片机运行效果。

当运行键按下时,可以发现所有的 LED 灯亮 2s 后,全部熄灭;当按下 K1 开关时,可以看到 LED 灯从上(P1.0)至下依次亮灭;当按下 K2 开关时,可以看到 LED 灯从下(P1.7)而上依次亮灭。

这里要注意的是由于采用的是下降沿触发,所以开关闭合时,只能产生一次中断请求,LED 灯顺序亮灭一个周期后就会停止了,等待下一次中断的到来,因此当开关按下后要及时打开。可以将设计图中的开关换成按键来观察效果。

当K1开关闭合后，顺序亮灭到第3个LED灯时，闭合K2，可以观察到此时LED灯突然从最下面的一个LED灯开始逆时针亮灭，当最上面的一个LED灯亮灭后，第4个LED灯开始亮灭，又开始先前顺时针亮灭的过程，这就是中断嵌套。高优先级的中断程序(K2引发的)可以中断低优先级的中断程序的执行，当高优先级的中断执行完后，再返回到低优先级中断处理函数中被中断处继续执行。

4.4 总结

1. 中断

中断是指当有突发事件发生时，计算机暂停执行当前的程序，转而去执行处理突发事件的程序，当事件处理完后，计算机再回到原先的中断处，继续执行原先的程序，这个过程叫中断。

2. 中断类型

中断分内中断和外中断两种。由CPU内部原因引起的中断，称为内中断。由CPU以外的原因引起的并通过硬件电路发出中断请求的中断，称为硬件中断。

3. 中断向量

中断向量是中断服务程序的入口地址。8051单片机只有5个中断源，所对应的中断向量也是固定的。

4. 中断响应

当单片机接收到中断请求后，首先判断总中断允许是否有效，相应的中断源中断允许是否有效，同时判断该中断请求的优先级，如果没有其他高优先级的中断请求或者单片机没有正在执行高优先级的中断服务程序，单片机则响应该中断请求。单片机将断点的地址(也就是PC的内容)压入堆栈，根据具体的中断源，将相应的中断向量装入PC中，单片机开始执行中断服务程序，这个过程叫中断响应。

5. 中断嵌套

高优先级的中断程序可以中断低优先级的中断程序的执行，这称为中断嵌套。

思考与练习4

1. 什么是中断？常见的中断类型有哪几种？
2. 8051单片机中断系统中所涉及的特殊功能寄存器有哪些？
3. 8051有几级中断优先级，同级情况下中断源的优先顺序是怎样的？
4. 描述中断的响应过程。

5. 单片机系统外设有 8 个 LED 灯，有一个按钮和一个开关。现要求如下。

(1) 当开关打开时，LED 灯顺时针亮灭。

(2) 当开关闭合时，LED 灯逆时针亮灭。

(3) 无论开关闭合还是打开，只要当按钮按下时，所有 LED 灯全部亮灭 8s 后返回原来状态。

设计电路图、编写程序并完成仿真。

第5章

定时器/计数器

通过本章的学习,应该掌握:

(1) 定时器/计数器的工作原理

(2) 单片机中相应寄存器的定义和使用

(3) 定时器/计数器的初始化

(4) 定时器/计数器的具体应用

5.1 定时器/计数器概述

8051 系列单片机内部有两个 16 位的定时器/计数器：定时器/计数器 T1 和定时器/计数器 T0。它们均可当做定时器或计数器使用，为单片机系统提供定时和计数功能。8052 系列的单片机还有一个定时器/计数器 T2。

5.1.1 定时器/计数器的结构及工作原理

定时器/计数器的核心就是一个加 1 计数器，每当一个外来的脉冲或计数信号来到时，计数器中的计数值在事先设定好的计数初值基础上加 1。当计数器为全 1 时，再输入一个脉冲就使计数值回零，同时从最高位溢出一个脉冲使定时器/计数器相关的特殊功能寄存器（定时器/计数器控制寄存器）中的相应位置 1，作为计数器的溢出中断标志并引发中断，使单片机采取相应的处理。

8051 系列单片机内部定时器/计数器结构框图如图 5-1 所示。

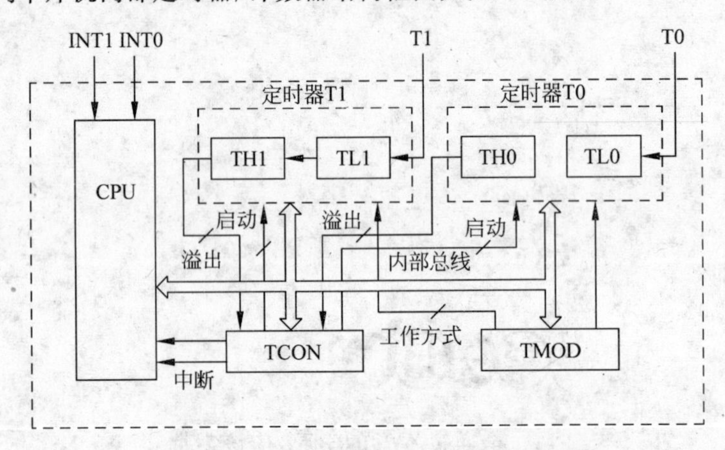

图 5-1　8051 单片机定时器/计数器结构框图

其中定时器/计数器 T0 由两个 8 位特殊功能寄存器 TH0 和 TL0 构成，同样定时器/计数器 T1 也是由两个 8 位特殊功能寄存器 TH1 和 TL1 构成。方式寄存器 TMOD 用于设置定时器/计数器的工作方式，控制寄存器 TCON 用于启动定时器/计数器的计数并控制定时器/计数器的状态。

定时器/计数器是工作在定时器状态下，还是工作在计数器状态下，取决于输入的脉冲信号。当输入的脉冲信号为固定频率的时钟信号时，定时器/计数器则工作在定时器状态下，此时定时时间由计数初值、计数器的位数和输入的时钟周期决定；如果输入脉冲信号为非固定频率的事件发生信号时，则定时器/计数器工作在计数器状态下。

5.1.2 定时器/计数器的特殊功能寄存器

定时器/计数器有两个相关的特殊功能寄存器，即方式寄存器 TMOD 和控制寄存器 TCOM，程序员可以使用指令对这两个寄存器进行设置来达到控制定时器工作方式的目的。

1. 定时器/计数器控制寄存器 TCON

字节地址为 88H，其格式见表 5-1。

表 5-1 定时器/计数器控制寄存器格式

TCON	TF1	TR1	TF0	TR0	IE1	IT1	IE0	IT0
位地址	8FH	8EH	8DH	8CH	8BH	8AH	89H	88H

其中与定时器/计数器有关的控制位有 4 位：TF1、TR1、TF0、TR0。

TF0：定时器/计数器 T0 溢出中断请求标志。在启动 T0 计数后，T0 从初值开始加 1 计数，当最高位产生溢出时，由硬件置位 TF0，向 CPU 申请中断，CPU 响应 TF0 中断时，清除该标志位，TF0 也可用软件查询后清除。

TF1：定时器/计数器 T1 溢出中断请求标志，同 TF0。

TR0：定时器/计数器 T0 运行控制位，由软件置位/复位来控制定时器/计数器 T0 开启或关闭。当 GATE 为 0 且 TR0 为 1 时，允许 T0 计数；当 TR0 为 0 时，禁止 T0 计数；当 GATE 为 1 时，仅当 TR0 为 1 且 INT0 为高电平时，允许 T0 计数，TR0 为 0 或 INT0 为低电平时，禁止 T0 计数。

TR1：定时器/计数器 T1 运行控制位，同 TR0。

当 8051 单片机复位后，TCON 被清零。

2. 定时器/计数器方式寄存器 TMOD

字节地址为 89H，不可以进行位寻址，所以和控制寄存器 TCON 不同，没有位地址。其格式见表 5-2。

表 5-2 定时器/计数器方式寄存器格式

TMOD	D7	D6	D5	D4	D3	D2	D1	D0
(89H)	GATE	C/T	M1	M0	GATE	C/T	M1	M0
	定时器 T1 方式				定时器 T0 方式			

其中高 4 位控制定时器 T1，低 4 位控制定时器 T0。

M1、M0 是工作方式选择位。定时器具有 4 种工作方式，由 M1、M0 位来定义，其工作方式见表 5-3。

表 5-3 定时器/计数器的工作方式

M1	M0	工作方式	功能说明
0	0	方式 0	13 位定时器/计数器方式
0	1	方式 1	16 位定时器/计数器方式
1	0	方式 2	可自动再装入的 8 位定时器/计数器方式
1	1	方式 3	T0 可分成两个 8 位的位定时器/计数器

单片机复位后,TMOD 的内容为 00H。

3. 计数器或定时器选择控制位 C/T

C/T=1 时,为计数器工作方式,此时输入脉冲来自 T0 引脚(P3.4)或 T1 引脚(P3.5);C/T=0 时,为定时器工作方式,此时输入脉冲来自单片机内部,由晶振产生的时钟脉冲经 12 分频后而来。

4. 门控位 GATE

当 GATE=0,由软件控制 TR0 或 TR1 位启动定时器;GATE=1,定时器的运行受 TR0、TR1 和外部中断输入信号 INT0、INT1 的双重控制。

5.1.3 定时器/计数器的工作方式

8051 系列单片机中定时器/计数器有 4 种工作方式,由 TMOD 中的 M1、M0 这两位来设定。

1. 方式 0

当 M1、M0 两位为 00 时,定时器/计数器工作在方式 0 下。这时定时器/计数器 T0 的功能框图如图 5-2 所示。定时器/计数器 T1 的结构和操作与定时器 T0 完全相同。

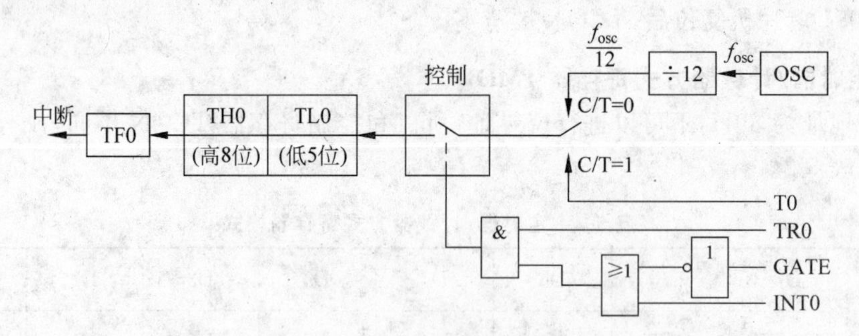

图 5-2 工作于方式 0 的定时器/计数器的功能框图

在方式 0 情况下,16 位寄存器(TH0 和 TL0)只用 13 位。其中 TL0 的高 3 位未用,其余 5 位占整个 13 位的低 5 位,TH0 占高 8 位。当 TL0 的低 5 位溢出时向 TH0 进位,而 TH0 溢出时向中断标志 TF0 进位(硬件置位 TF0),并请求中断。

当 C/T=0 时,多路开关连接振荡器的 12 分频器输出,T0 对机器周期计数,这就是定时器工作方式。

当 C/T=1 时,多路开关与引脚 P3.4(T0)相连,外部计数脉冲由 T0 输入。当外部信号电平发生 1 到 0 跳变时,计数器加 1,这时 T0 成为外部事件计数器。

当 GATE=0 时,封锁"或门",使引脚 INT0 输入信号无效。这时,"或门"输出为 1,打开"与门",由 TR0 控制定时器 T0 的开启和关闭。若 TR0=1,接通控制开关,启动定时器 T0,允许 T0 在原计数值上作加 1 计算,直至溢出。溢出时,计数寄存器值为 0,TF0=1 并请求中断,T0 从 0 开始计数。因此,若希望计数器按原计数初值开始计数,在计数溢出后,应给计数器重新赋初值。若 TR0=0,则关闭开关,停止计数。

当 GATE=1 且 TR0=1 时,"或门"、"与门"全部打开,外部信号电平通过 INT0 直接开启或关闭定时器计数。输入"1"电平时,允许计数,否则停止计数。这种操作方式可用来测量外部信号的脉冲宽度等。

当作为计数工作方式时,计数值的范围是 1~8192(2^{13})。

当作为定时器工作方式 0 时,定时时间 T 的计算公式为:

$$T=(2^{13}-N)\times 12\ /f_{osc}$$

其中,N 为时间常数(计数初值),f_{osc} 为振荡器频率。

2. 方式 1

当 M1、M0 为 01 时,定时器/计数器工作在方式 1 下,方式 1 与方式 0 的区别仅在于计数器的位数不同,方式 0 为 13 位计数器,而方式 1 为 16 位计数器,计数器由 8 位 TH0 和 TL0 或 8 位 TH1 和 TL1 构成。

当作为计数工作方式 1 时,计数值的范围是 1~65536(2^{16})。

当作为定时器工作方式 1 时,定时时间 T 的计算公式为:

$$T=(2^{16}-N)\times 12\ /f_{osc}$$

其中,N 为时间常数(计数初值),f_{osc} 为振荡器频率。

3. 方式 2

当 M1、M0 两位为 10 时,定时器/计数器工作在工作方式 2 下,其功能框图如图 5-3 所示。

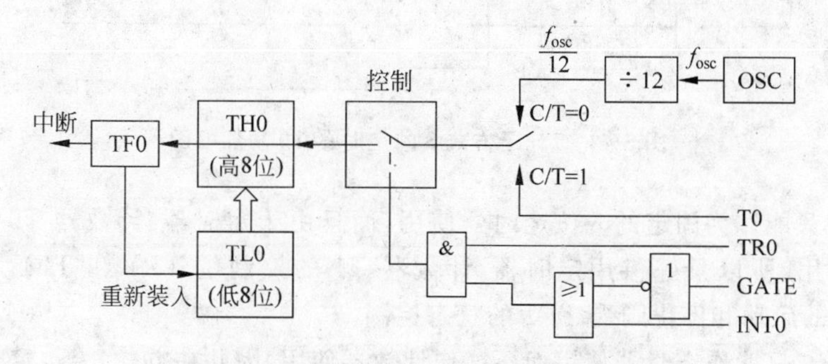

图 5-3 工作于方式 2 的定时器功能框图

方式 0 和方式 1 的最大特点是计数溢出后计数器全为 0,因此循环定时或计数应用时就存在重新设置计数初值的问题,这不但影响定时精度,而且也给程序设计带来不便。方式 2 就是针对此问题而设置的,它具有自动重新加载功能,因此也可以说方式 2 是自动加载工作方式。在这种工作方式下,把 16 位计数器分为两部分,即以 TL0 作计数器、以

TH0 作预置寄存器，初始化时把计数初值分别装入 TL0 和 TH0 中，当计数溢出后，由预置寄存器以硬件方式自动加载。

初始化时，8 位计数初值同时装入 TL0 和 TH0 中，当 TL0 计数溢出时，置位 TF0，同时把保存在 TH0 中的计数初值自动加载装入 TL0 中，TL0 重新计数，如此重复不止。这不但省去了用户程序中的重装指令，而且有利于提高定时精度。但这种方式下计数值有限，最大只能到 256，这种自动重新加载工作方式非常适用于连续定时或计数应用。

当作为计数工作方式时，计数值的范围是 1～256(2^8)。

当作为定时器工作方式时，定时时间的计算公式为：

$$T=(2^8-N)\times 12/f_{osc}$$

其中，N 为时间常数(计数初值)，f_{osc}为振荡器频率。

4. 方式 3

当 M1、M0 两位为 11 时，定时器/计数器被选为工作方式 3，方式 3 只适用于定时器/计数器 T0。

在方式 3 下，定时器/计数器 T0 是被拆成两个独立的 8 位计数器 TL0 和 TH0，其中 TL0 既可以计数用，又可以定时用，定时器/计数器 T0 的各控制位和引脚信号全归它使用。其功能与操作方式 0 和方式 1 完全相同，而且逻辑电路结构也极其类似，如图 5-4 所示。

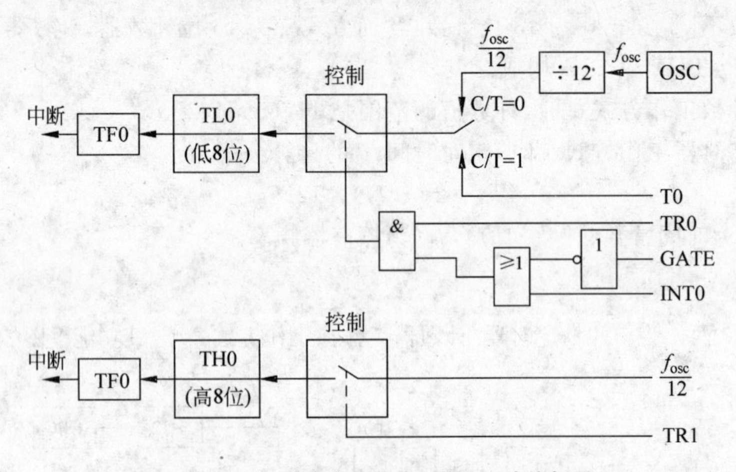

图 5-4 工作于方式 3 的定时器 T0 功能框图

但 TH0 只能作为固定的 8 位定时器使用，而且由于定时器/计数器 T0 的控制位已被 TL0 所占用，所以只好借用定时器/计数器 T1 的控制位 TR1 和 TF1，即计数溢出 TF1，而定时的启动和停止则受 TR1 的状态控制。

由于 TH0 只能作定时器使用而不能作计数器使用，因此在方式 3 下，定时器/计数器 T0 可以构成两个定时器或一个定时器和一个计数器使用。

如果定时器/计数器 T0 已被设置成工作方式 3，则定时器/计数器 T1 只能设置为方式 0、方式 1 或者方式 2，因为它的运行控制位 TR1 及计数溢出标志位 TF1 已被定时器/计数器 T0 所占用，在这种情况下，定时器/计数器 T1 通常是作为串行口的波特率发生器使用，把计数溢出直接送给串行口以决定串行通信的速率。当作为波特率发生器使用时，只需设置好工作方式，就可以自动运行。如要停止工作，只需送入一个把它设置为方式 3 的方式控制字就可以了。因为定时器/计数器 T1 不能在方式 3 下使用，如果把它设置为方式 3 就停止工作了。

5.2 定时器初始化程序

在使用定时器时，先要进行初始化编程，使其按设定的功能工作，初始化步骤一般如下。

(1) 定义 TMOD，设置定时器的工作方式。

(2) 预置定时或计数的初值，可直接将初值写入 TH0、TL0 或 TH1、TL1 中。

(3) 根据需要开放定时器/计数器的中断，直接对中断允许控制寄存器(IE)相应位(ET0、ET1)赋值。

(4) 启动定时器/计数器，若已规定用软件启动，则可把 TR0 或 TR1 置 1；若已规定由外部中断引脚电平启动，则需给外部引脚加启动电平。当实现了启动要求之后，定时器即按规定的工作方式和初值开始计数或定时。

计数初值的计算是使用定时器/计数器的关键，计数器的加 1 操作是在计数初值的基础上进行的，一直到计数器溢出即为定时时间到，计数初值越大则意味着定时时间越小，通常称定时器/计数器计数初值为时间常数。

假设要求的定时时间为 T，时间常数为 N，计数器的位数为 n，晶振频率为 f_{osc}。则

$$T=(2^n-N)\times 12/f_{osc}$$

解得

$$N=2^n-T\times f_{osc}/12$$

例如已知单片机系统采用 6MHz 的晶振，定时器 T0 采用方式 0，定时时间为 2ms，求时间常数。

$$N=2^{13}-2\times 10^{-3}\times 6\times 10^6/12=7192=1110000011000B$$

将低 5 位即 11000B(18H)装入 TL0 中，将高 8 位即 11100000B(E0H)装入 TH0 中。

初始化程序如下。

```
TMOD = 0x00;                    // 设 T0 为方式 0、定时器工作方式
TH0 = 0xe0;                     // 装入时间常数
TL0 = 0x18;
EA = 1;                         // 总中断允许
ET0 = 1;                        // 定时器 T0 中断允许
TR0 = 1;                        // 定时器 T0 启动
```

如果定时器 T0 采用方式 1，定时时间依然为 2ms，则时间常数为：

$$N=2^{16}-2\times 10^{-3}\times 6\times 10^6/12=64536=FC18H$$

将低 8 位即 18H 装入 TL0 中，将高 8 位即 FCH 装入 TH0 中。

如果定时器 T0 采用方式 2，定时时间为 2ms，则时间常数为：

$$N=2^8-2\times 10^{-3}\times 6\times 10^6/12=256-1000=-744$$

这说明：如果选用的晶振频率仍为6MHz，那么定时器T0不能实现2ms的定时。解决的方式只能是选用频率低的晶振，比如采用晶振频率为1MHz，则计算出来的时间常数约为89即59H，则可以使用了。

5.3 定时器/计数器的使用举例

5.3.1 定时器方式应用

任务一：流水灯控制器的设计。

设计要求：已知8051单片机的工作频率为6MHz，有8个彩色LED灯和单片机并行口P1相连，开机后8个LED灯依次亮灭1s，使用定时器T0实现定时任务。

设计分析：在主频为6MHz的情况下，如果定时器T0采用方式1，最大定时时间为131.072ms，如果定时时间大于此时间，就要采用定时扩展的方法了。本次设计需要定时的时间为1s，远大于131ms，可以让定时器T0的定时时间为100ms，定时中断后启动一个计数器加1，当计数器为10时，则1s的定时结束。而10ms的定时时间常数为：

$$N=2^{16}-100\times10^{-3}\times6\times10^{6}/12=15536=3CB0H$$

电路设计：流水灯控制器硬件电路设计图如图5-5所示。

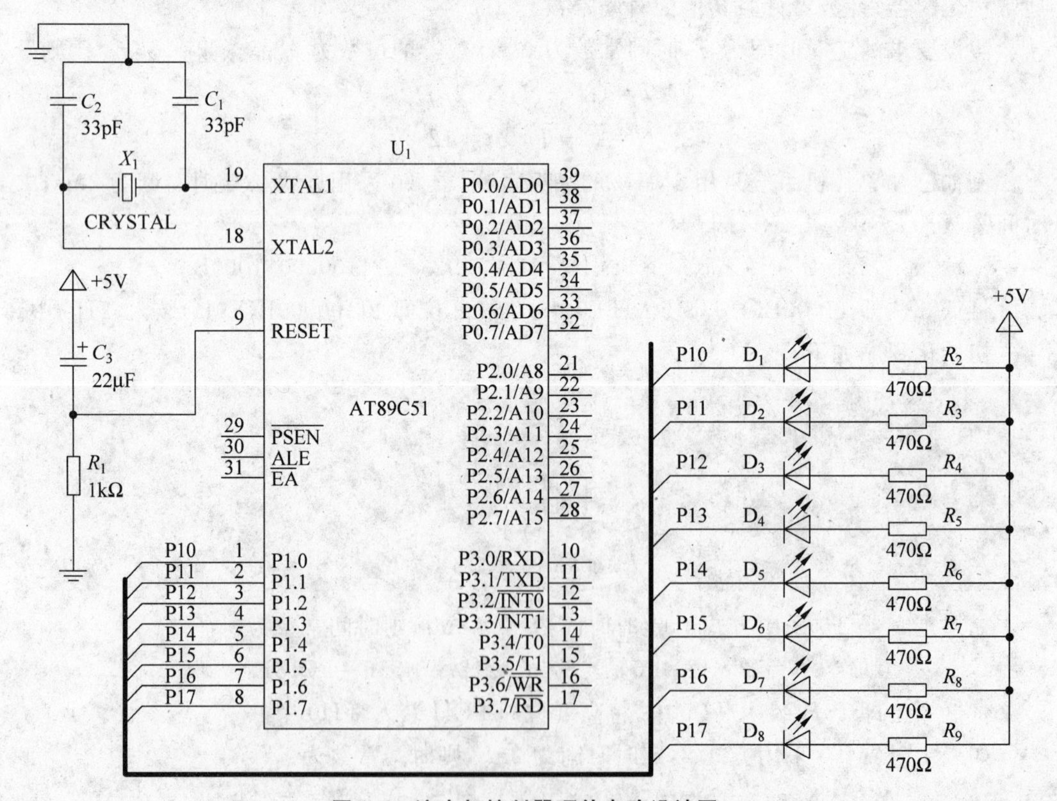

图5-5 流水灯控制器硬件电路设计图

程序设计：在中断服务函数中，用一个计数器 n 加 1，当 n 为 10 时，表示定时时间为 1s，则控制 LED 灯的控制数移位 1 次。

源程序文件如下。

```
//                        采用定时中断的流水灯控制器控制程序
//                        单片机晶振主频为 6MHz
/************************* 文件名：Timer5-1.c *********************/
#include <reg51.h>

void PowerOnInitial(void);            // CPU 初始化程序
void Timer0 (void);                   // 定时器 T0,方式 1,定时时间 100ms
 unsigned int n,k;                    // n 为定时器结束计数值,k 用于控制灯的亮灭

void main(void)
{
  PowerOnInitial();                   // 开机后,对单片机进行初始化
  k = 0x01;                           // 设置第一个 LED 灯亮
  while (1)                           // 等待定时中断到来,进入定时中断函数
  { }
   return;
}

// 加电时,所有的 LED 全部熄灭
// 设置定时器,将定时器 T0 设置为方式 1

void PowerOnInitial(void)
{

    P1 = 0xff;                        // 所有的 LED 灯均熄灭
    TMOD = 0x01;                      // 设置 T0 为 16 位定时器,方式 1
    TH0 = 0x3c;                       // 装入时间常数
    TL0 = 0xb0;
    EA = 1;                           // 总中断允许
    ET0 = 1;                          // 定时器 T0 中断允许
    TR0 = 1;                          // 定时器 T0 启动
    n = 0;                            // n 是计数值
    k = 0;                            // k 是控制 P1 口的 LED 灯亮灭的值
    return;
}

// 定时器 T0 中断函数,每当定时器定时中断信号到时(即 100ms 定时结束),执行该函数
void Timer0 (void) interrupt 1 using 1
{
     n++;                             // 每 100ms,n 值加 1
    if ( n == 10)                     // 当 n 为 10 时,即定时时间到 1s
   {
         n = 0;
         P1 = ~k;                     // P1 口的 LED 灯是低电平点亮,所以要取反
         k = k<<1;                    // k 值移位,LED 灯顺时针亮
      if ( k == 0x100) k = 0x01;      // 第 8 个 LED 灯亮后,重新回到第一个 LED 灯
   }
```

```
    TH0 = 0x3c;      //定时器方式1,要重新装入时间常数,否则定时器不能继续工作
    TL0 = 0xb0;
      return;
  }
```

任务二：方波发生器的设计

设计要求：已知8051单片机的工作频率为4MHz，利用定时器T0在P1.0引脚上输出一个周期为1kHz的方波信号，要求T0采用定时器方式2。

设计分析：由于要产生频率为1kHz(周期为1ms)的方波信号，则需要定时器定时时间0.5ms。这样每隔0.5ms P1.0引脚输出的信号电平反转一次，就可以产生1kHz的方波信号。定时器T0采用方式2，则时间常数为：

$$N=2^8-0.5\times10^{-3}\times4\times10^6/12=89.333$$

其中，N取整数，为89即59H。

由于是采用方式2，在定时结束产生中断后，不需要在程序中重新装入时间常数，定时器T0可以重新开始定时。

硬件电路：电路设计比较简单，只需P1.0输出信号即可，如果在Proteus中想观察从P1.0上输出的信号，只需接上一个虚拟示波器就可以了，方波发生器硬件电路设计图如图5-6所示。

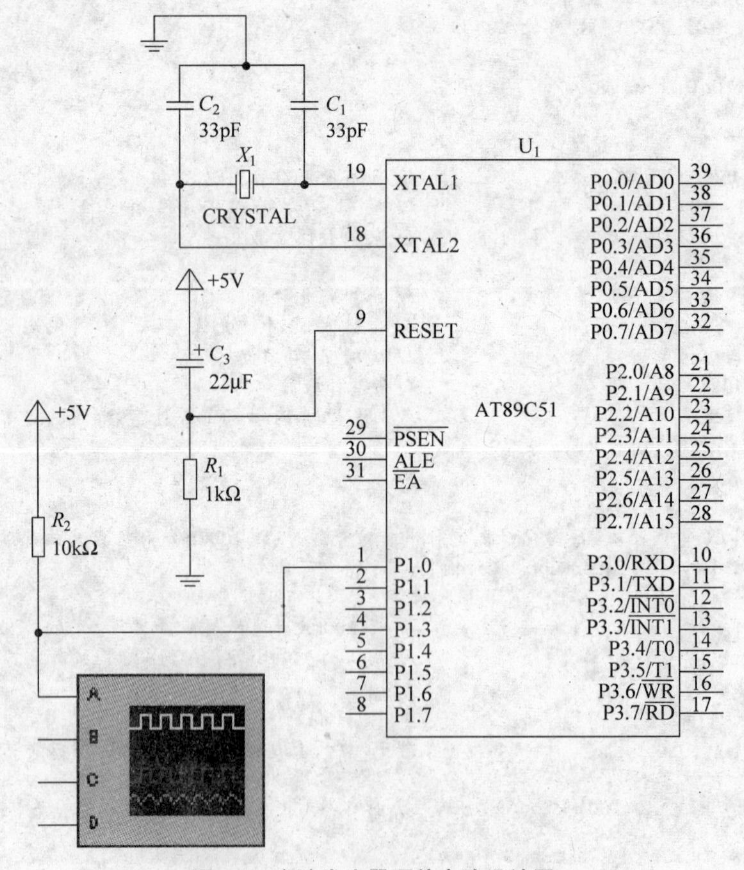

图5-6 方波发生器硬件电路设计图

程序设计：源程序文件如下。

```
//                          方波发生器控制程序
//                          单片机晶振主频为4MHz
************************** 文件名：Timer5-2.c ***********************/
#include  <reg51.h>
#include  <mytest.h>
void PowerOnInitial(void);                  // CPU初始化程序
void Timer0 (void);                         // 定时器T0,方式2,定时时间100ms
void main(void)
{
  PowerOnInitial();                         // 开机后,对单片机进行初始化
  while (1)
  { }
  return;
}
// 加电后,系统初始化函数,主要作用是设置定时器,将定时器T0设置为方式2
void PowerOnInitial(void)
{
    TMOD = 0x02;                            // 设置T0为8位定时器,方式2
    TH0 = 0x59;                             // 装入时间常数
    TL0 = 0x59;
    EA = 1;                                 // 总中断允许
    ET0 = 1;                                // 定时器T0中断允许
    TR0 = 1;                                // 定时器T0启动
    P1_0 = 1;
    return;
}
// 定时器T0中断函数,每当定时器定时中断信号到时,P1.0取反
void Timer0 (void) interrupt 1 using 1
 {
 P1_0 = ~P1_0;
 return;
 }
```

将程序编译连接好,生成.HEX文件后,在Proteus中将该文件加载到单片机上,按下运行按钮,则可以在虚拟示波器上观察到P1.0生成的方波信号,如图5-7所示。

5.3.2 计数器方式应用

任务三：二进制计数器的设计。

设计要求：设计一个8位二进制计数器,计数脉冲由按键输入,每按下一次,计数器加1,用8个LED的亮灭表示数的1、0状态。

设计分析：由于是设计8位二进制计数器,所以设定定时器T0工作在8位计数器方式2下,将按键信号作为计数信号,每来一个脉冲信号,计数器加1,并将该计数值从并行口P1送出,控制LED灯的亮灭。

硬件电路：电路设计比较简单,和图5-5的电路图一致,只是在T0引脚(P3.4)添加一个按键K,8位计数器硬件电路设计图如图5-8所示。

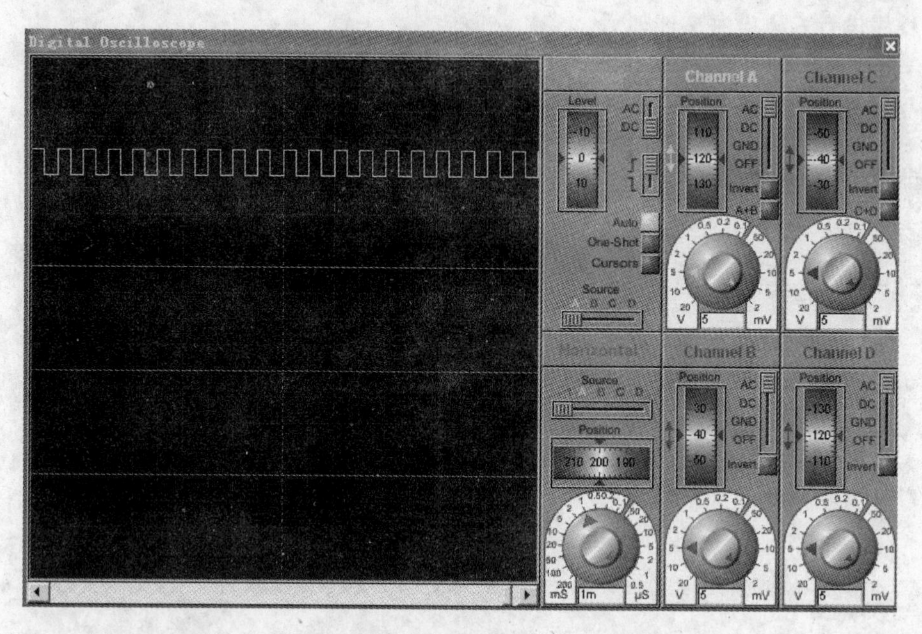

图 5-7　方波发生器仿真运行时虚拟示波器显示波形图

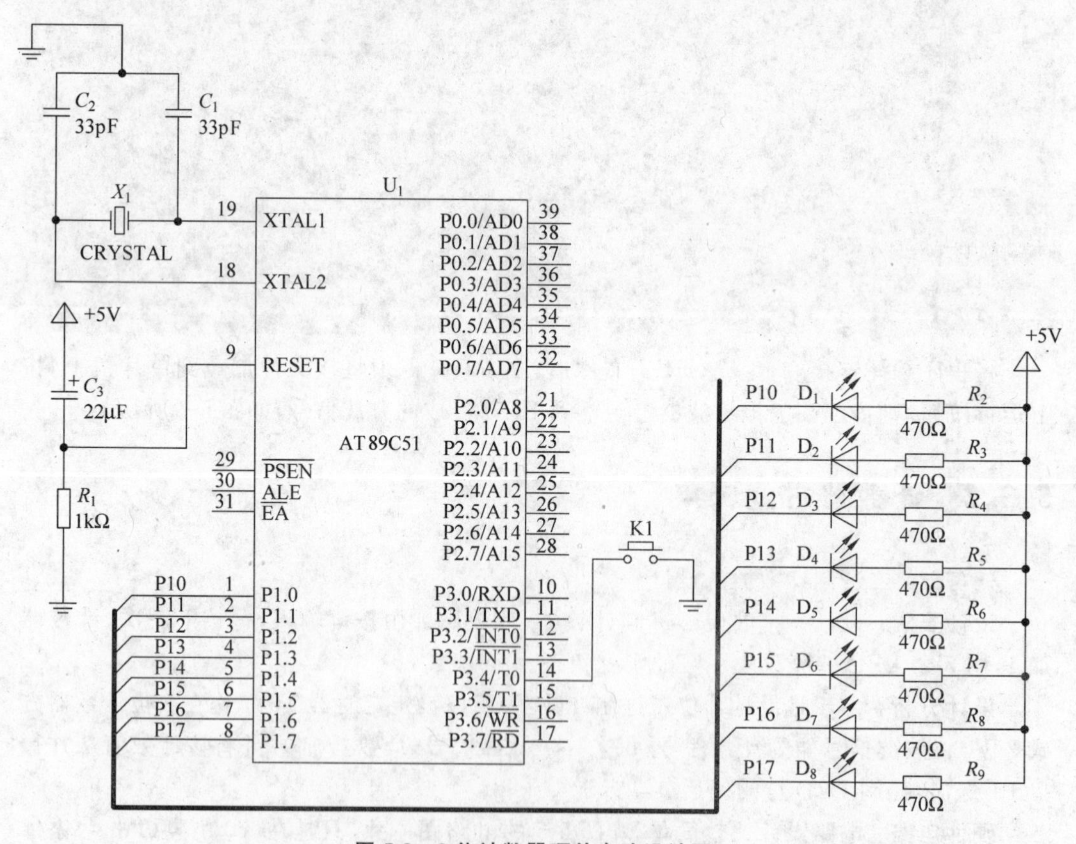

图 5-8　8 位计数器硬件电路设计图

程序设计：源程序文件如下。

```
//                    8位二进制计数器控制程序
//                    单片机晶振主频为4MHz
/************************ 文件名：Counter.c ************************/
#include  <reg51.h>
void PowerOnInitial(void);  // CPU初始化程序

void main(void)
{
  PowerOnInitial();          // 开机后，对单片机进行初始化
  while (1)
  {
    P1 = ~ TL0;              // 由于是输入低电平点亮LED灯，所以计数器计数值要取反后输出
  }
  return;
}
// 加电后，系统初始化函数主要作用是：设置定时器，将定时器T0设置为方式2

void PowerOnInitial(void)
{
    TMOD = 0x06;             // 设置T0为8位计数器，方式2
    TH0 = 0x00;              // 装入时间常数
    TL0 = 0x00;
    TR0 = 1;                 // 定时器T0启动
    return;
}
```

在这个程序设计中，由于只是将计数器的计数值送到P1口并不需要中断处理，所以在初始化程序中不需要开放中断，只要启动定时器T0即可。

5.4 总结

1. 定时器/计数器

单片机中专门用于定时或计数的部件，其核心为一个计数器，每来一个外部计数脉冲，计数器就加1，当计数器计数溢出时，向单片机发出溢出信号（中断信号），以实现定时或计数的目的。通常8051系列单片机有两个定时器/计数器分别为T0和T1。

2. 工作方式

8051单片机中的定时器/计数器有4种工作方式，分别为方式0、方式1、方式2和方式3。方式0为13位定时器/计数器方式，方式1为16位定时器/计数器方式，这两种方式除了计数器位数不同外，其他工作均一致。方式2为可重复装入时间常数的8位定时器/计数器方式，在这种工作方式下，每次定时（或计数）结束后，不需要重新装入时间常数，定时器会在定时结束后，自动开始下一次的定时工作。方式3则将定时器/计数器T0

分成两个 8 位的定时器/计数器使用,定时器/计数器 T1 不适用于方式 3。

3. 初始化编程

在使用定时器/计数器之前,必须在对单片机中和定时器/计数器相关的寄存器进行设置后,定时器/计数器方可开始工作。这些对寄存器操作的步骤称为初始化。定时器/计数器初始化步骤主要为:①设置方式控制寄存器 TMOD,确定定时器/计数器的工作方式;②向计数初值寄存器(TH0、TL0 或 TH1、TL1)送入时间常数;③将 TR0 或 TR1 置位,启动定时器/计数器。

思考与练习 5

1. 简述 8051 单片机中定时器的工作原理。

2. 8051 单片机中的定时器/计数器的工作方式有哪几种?各自的特点是什么?

3. 与定时器/计数器有关的特殊功能寄存器有哪些?各自的功能是什么?

4. 8051 单片机的时钟频率为 6MHz,若要求定时时间为 100ns,定时器 T0 工作在方式 0、方式 1 和方式 2 时,它们的时间常数各应是多少?

5. 8051 单片机的时钟频率为 6MHz,有一个 LED 灯和 P1.0 相连接,要求实现 LED 灯间隔 1s 亮灭一次。画出电路图、编写程序。

6. 8051 单片机的时钟频率为 6MHz,要求从 P1.0 处输出一个频率为 100Hz,占空比(即一个周期内高低电平所占时间之比)为 1∶2,画出电路图、编写程序并在 Proteus 中仿真运行。

第6章

串行通信技术

通过本章的学习,应该掌握:

(1) 串行通信的基本概念

(2) 单片机中相应寄存器的定义和使用

(3) 单片机串行通信的工作方式

(4) 串行通信技术的具体应用

6.1 串行通信技术概述

计算机与外部设备的信息交换称为通信,通信方式有两种：并行方式和串行方式。

并行通信通过并行输入/输出接口进行,所有的数据位同时传送。其特点是传送速度快,效率高；但由于传送多少位就需要多少根输出线,所以传送成本高。计算机内部的数据交换一般是并行通信,与外界进行信息交换时,传送的距离应小于 30m。

串行通信数据时各位按规定的顺序依次传送,通过串行输入/输出接口实现,只要一条传输线。其特点是成本低,但传送速度慢,效率低。计算机与外界数据交换大多是采用串行方式,传送的距离可以是几米到几千千米。

6.1.1 串行通信原理

串行通信的数据是一次一位进行发送或接收的,而在计算机内部数据是并行传送的。因此发送端在发送前先要把并行数据转换成串行数据,然后再传送；而在接收端接收时,又要把串行数据转换成并行数据。

计算机串行通信部件主要是由发送器和接收器组成,如图 6-1 所示。

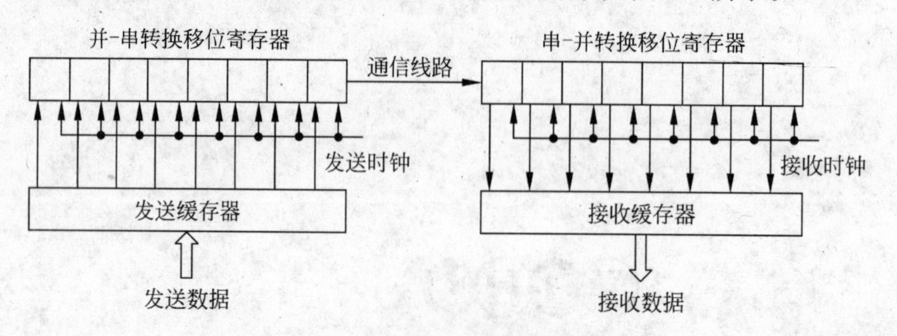

图 6-1 数据串行通信示意图

发送器是由一个发送缓存器和一个并/串转换移位寄存器组成。CPU 将待发送的数据以并行方式送入并暂存在发送器缓存器中；在发送时钟的控制下,移位寄存器中的内容逐位被送到通信线路上,并发送到接收方的接收器中。当发送缓存器变空以后,就准备接收下一次要发送的数据。

接收器是由一个接收缓存器和一个串/并转换移位寄存器组成。从通信线路上送来的数据,在接收时钟的控制下,被逐位移入串/并移位寄存器中。当全部串行数据位移入后,这些数据位并行地移入接收缓存器中,CPU 就会读取这个并行数据。

在串行通信过程中,发送时钟决定了传送数据的速率。接收器要能正确无误地接收到数据,就必须使接收时钟和发送时钟一致。

6.1.2　串行通信方式

串行通信是用一根传输线按位传送数据，每传送一个数据都要符合一定的格式。根据通信格式，串行通信分为两种基本方式：异步通信和同步通信。

1. 异步通信方式

这种方式在传送数据时，用一个起始位表示一个字符的开始，用一个停止符表示字符的结束。其数据格式如图6-2所示。

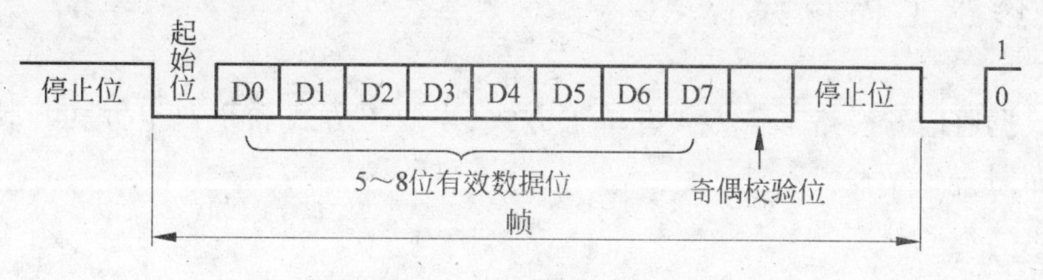

图6-2　异步通信数据格式

由起始位到停止位的所有位构成一个字符的全部信息，称为一帧。每一帧包括以下几部分。

起始位：它标志传送数据的开始，一般为低电平，占一位。

数据位：要传送的字符，一般是5～8位，由低位到高位传送。

奇偶校验位：为了校验串行数据传送的正确性，一般都设有奇偶校验位，占一位。可以是奇校验、偶校验或无校验。

停止位：它标志一个字符的传送结束，一般为高电平，占一位、一位半或两位。这里一位对应一定的发送时间，故有半位。

当发送和接收双方在传送过程中出现停顿时，数据线上为高电平。当传送再次开始时，以一位低电平起始。

异步通信的传送数据以帧为单位，每帧都有一定的格式。都是以起始位开始，以停止位结束，每帧的长度预先选定。当线路不发送数据时处于停止位电平(高电平)。

异步通信时，收发双方在起始位时进行时钟同步，由于每帧数据位比较少，所以时间积累误差比较小。即使收发双方的发送时钟和接收时钟有一定的误差，只要能保证在一帧数据传送中不产生一个位单元的时间偏差，就可以保证数据传送的正确。

由于异步通信对双方的时钟要求较低，易于实现，因而应用广泛。但是异步通信的效率不高，比如一帧数据由11位组成，其中有效数据位是8位，而起始位、奇偶校验位和停止位就有3位，使线路利用率降低。

2. 同步通信方式

为了提高通信效率，可以采用同步通信方式。同步通信的数据格式如图6-3所示。

图6-3　同步通信的数据格式

在每一个数据块传送开始时，采用一个或两个同步字符作为起始标志，使收发双方保持同步。同步字符可由用户自行定义。收发双方必须保持相同的数据格式和同步字符。

同步通信的特点是以同步字符作为发送数据的开始标志，每个数据占一定长度，数据之间不留间隙。当线路空闲时不断发送同步字符。它的传送速度要高于异步通信方式，但是这种方式在数据传送期间收发双方的时钟要保持严格一致，不能出现偏差，故此对硬件的要求比较高。一般适用于传送信息量大、传送速度要求较高的场合。

6.1.3 线路工作方式

串行数据通信的线路工作方式有单工方式、半双工方式和全双工方式。其通信线路工作方式如图 6-4 所示。

1. 单工方式

在单工方式下，数据的传送是单方向的。通信双方中，一方固定为发送方，另一方则固定为接收方。单工方式下，串行通信只需要一根数据线，如图 6-4(a)所示。

2. 半双工方式

在半双工方式下，通信双方中，各方既可以是发送方，也可以是接收方，数据的传送是双向的。但在任何一个时刻数据只能是一个流向，即只能有一方为发送方，另一方为接收方。双方不能同时接受和发送数据。数据线为一根，可以通过开关的切换来选择发送或接收，如图 6-4(b)所示。

3. 全双工方式

在全双工方式下，通信双方中可以同时接受和发送数据，数据的传送是双向的。在这种方式下，数据线有两根，如图 6-4(c)所示。

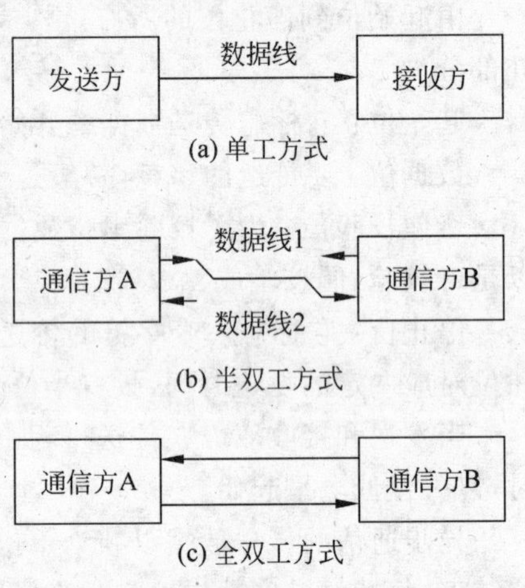

图 6-4 串行通信线路工作方式

6.1.4 数据传送速率

在串行通信中，信息是按位传送的，因此传送速率用每秒所传送的数据位数来表示，称为波特率(baud rate)。1 波特等于 1 位/秒，即 1bps。

一般异步通信的波特率在 110～19200 波特之间。国际上规定了标准波特率系列，也就是常用的波特率，标准的波特率系列为 110bps、300bps、600bps、1200bps、2400bps、4800bps、9600bps、19200bps。

波特率和时钟频率不是同一概念，时钟频率比波特率要高很多，通常要高 16 倍或 64 倍，主要目的是保证数据传送的准确性。

6.2 串行口的工作方式与控制

8051单片机内部有一个功能很强的全双工串行异步通信接口，它可以和外部设备或计算机进行串行通信，能方便地实现双机或多机通信，也可以在外接移位寄存器后扩展为并行I/O口。

图6-5所示为8051单片机的内部串行口结构示意图。它主要由两个串行数据缓存器(SBUF)、发送控制器、发送端口、接收控制器和接收端口等组成。串行口的工作方式和波特率等参数的设置可以通过特殊功能寄存器SCON和PCON来实现。

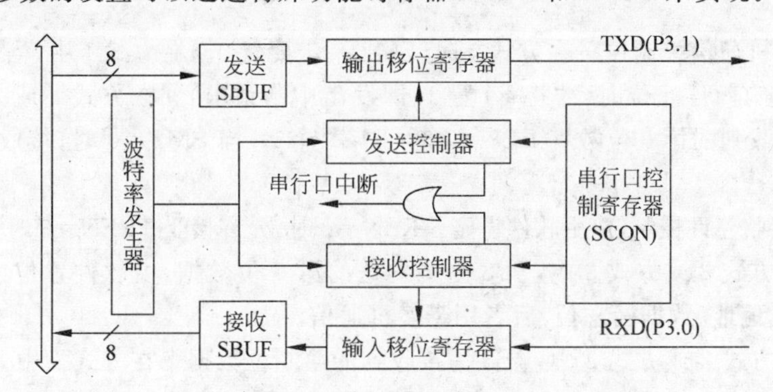

图6-5 8051单片机内部串行口结构示意图

6.2.1 特殊功能寄存器

1. 串行数据缓存器SBUF

8051单片机串行口内有两个串行数据缓存器，一个用于发送数据，另一个用于接收数据，可以同时用来发送和接收数据。发送缓存器只能写入，不能读出。接收缓存器只能读出，不能写入。两个缓存器使用同一个地址99H，根据读、写指令来确定访问哪一个。

发送数据时，先将数据写入发送数据缓存器中，串行口根据事先设置好的方式和波特率将数据逐位从TXD端输出。一个数据发送完毕后，串行口能向CPU发出中断请求，继续下一个数据的发送。

接收数据时，当一帧数据从RXD端经过输入移位寄存器全部进入接收数据缓存器后，串行口向CPU发出中断请求，通知CPU读取数据缓存器中的数据。

2. 串行口控制寄存器SCON

串行口的控制寄存器SCON用于定义串行口的工作方式及实施接受和发送控制。字节地址为98H，可以位寻址，其各位的定义如表6-1所示。

表 6-1

SCON	SM0	SM1	SM2	REN	TB8	RB8	TI	RI
位地址	9FH	9EH	9DH	9CH	9BH	9AH	99H	98H

SM0、SM1：串行口工作方式选择位，其定义如表 6-2 所示。

表 6-2

SM0	SM1	工作方式	功能描述
0	0	方式 0	8 位同步移位寄存器
0	1	方式 1	波特率可变的 10 位异步串行接口方式
1	0	方式 2	波特率固定的 11 位异步串行接口方式
1	1	方式 3	波特率可变的 11 位异步串行接口方式

SM2：多机通信控制位。在方式 0 时，SM2 一定要置 0。在方式 1 中，当 SM2=1 时，则只有接收到有效停止位时，才将 RI 置 1(即发出中断请求)。在方式 2 或方式 3 中，当 SM2=1 且接收到的第 9 位数据 RB8=1 时，RI 才置 1；当 SM2=0 时，接收到数据停止位，RI 就置 1。

REN：接收允许控制位，由软件设定。REN=1 时，允许接受；REN=0 时，禁止接收。

TB8：在方式 2 或方式 3 中，TB8 为要发送的第 9 位数据，由软件置位或复位，用作奇偶检验位或地址/数据标志位，后者用于多机通信。

RB8：在方式 2 或方式 3 中，RB8 为接收到的第 9 位数据。在方式 1 中，如果 SM2=0 时，则 RB8 为接收到的停止位。方式 0 不使用 RB8 位。

TI：发送中断请求标志。在方式 0 中，第 8 位数据发送结束时或在其他方式下发送停止位时，由硬件置位。当 TI 置位即 TI=1 时，串行口向 CPU 请求中断，CPU 响应中断后再发送下一帧数据。TI 不会自动复位，所以在需要时 TI 必须用软件清 0。

RI：接收中断请求标志位。在方式 0 中，当接收完第 8 位数据后，由硬件置位，在其他 3 种方式中，如果 SM2 控制位允许，串行接收到停止位的中间时刻由硬件置位。RI=1 表示一帧数据接收完毕，可由软件查询 RI 的状态，RI=0 则向 CPU 请求中断，CPU 响应中断准备接收下一帧数据。RI 必须用软件清 0。

3. 特殊功能寄存器 PCON

PCON 是为了在 CHMOS 的 8051 单片机上实现电源控制而附加的寄存器。PCON 的字节地址为 87H，没有位寻址功能，其定义如表 6-3 所示。

表 6-3

PCON	D7	D6	D5	D4	D3	D2	D1	D0
(87H)	SMOD	—	—	—	GF1	GF0	PD	IDL

其中与串行口有关的就是最高位 SMOD，该位用于控制串行口工作于方式 1、方式 2、方式 3 时的波特率。

当 SMOD=1 时，在方式 1 或方式 3 下，波特率=定时器 1 溢出率/16；在方式 2 下，波特率=定时器1溢出率/32。

当SMOD=0时,在方式1或方式3下,波特率=定时器1溢出率/32;在方式2下,波特率=定时器1溢出率/64。

当单片机复位时,SMOD位被清零。

6.2.2 工作方式

单片机的串行口具有4种工作方式,即方式0、方式1、方式2和方式3。可通过软件设置来选择。

1. 工作方式0

当设定SM0、SM1为00时,串行口工作于方式0。方式0为移位寄存器输入/输出方式。可外接移位寄存器以扩展I/O口,也可以外接同步输入/输出设备。8位串行数据则是从RXD输入或输出,TXD用来输出同步脉冲。

输出:从RXD引脚输出串行数据,TXD引脚输出移位脉冲。CPU将数据写入发送寄存器时,立即启动发送,将8位数据以$f_{osc}/12$的固定波特率从RXD输出,低位在前,高位在后。发送完一帧数据后,发送中断标志TI由硬件置位。

输入:当串行口以方式0接收时,先置位允许接受控制位REN。此时,RXD为串行数据输入端,TXD仍为同步脉冲移位输出端。当RI=0和REN=1同时满足时,开始接收。当接收到第8位数据时,将数据移入接收寄存器,并由硬件置位RI。

2. 工作方式1

当设定SM0、SM1为01时,串行口工作于方式1。方式1为波特率可变的10位异步通信接口方式。一帧数据为10位,包括一个起始位、8位的数据位和一个停止位。

输出:当CPU执行一条指令将数据写入发送缓存SBUF时,就启动发送。串行数据从TXD引脚输出,发送完一帧数据后,就由硬件置位TI。

输入:在REN=1时,串行口采样RXD引脚,当采样到从“1”到“0”的跳变时,就启动接收器接收。先接收起始位,然后接收一帧的其他数据。如果接收不到有效起始位,则重新检测负跳变。

只有当RI=0,且停止位为1或者SM2=0时,停止位才进入RB8,8位数据才能进入接收寄存器,并由硬件置位中断标志RI,否则信息丢失。所以在方式1接收时,应先用软件将RI和SM2清零。

3. 工作方式2

当设定SM0、SM1为10时,串行口工作于方式2。方式2为固定波特率的11位异步通信接口方式。它比方式1增加了一位可程控的第9位数据,适用于多机通信。

输出:发送的串行数据由TXD端输出,一帧信息为11位,附加的第9位来自SCON寄存器的TB8位,用软件置位或复位,它可作为多机通信中地址/数据信息的标志位,也可以作为数据的奇偶校验位。当CPU执行一条数据写入SBUF的指令时,就启动发送器发送。发送一帧信息后,置位中断标志位TI。

输入：在 REN=1 时，串行口采样 RXD 引脚，当采样到从“1”到“0”的负跳变时，确认是起始位，开始接收一帧数据。

只有当 RI=0，且停止位为 1 或者 SM2=0 时，停止位才进入 RB8 位，8 位数据才能进入接收寄存器，并由硬件置位中断标志 RI；否则信息丢失，且不置位 RI。再过“1”位时间后，不管上述条件是否满足，接收电路即自行复位，并重新检测 RXD 上从“1”到“0”的跳变。

4. 工作方式 3

方式 3 为波特率可变的 11 位异步通信接口方式。除波特率外，其余与方式 2 相同。

6.2.3 波特率的选择

在串行通信中，收发双方的数据传送率(波特率)要有一定的约定。在 8051 单片机串行口的 4 种工作方式中，方式 0 和方式 2 的波特率是固定的，而方式 1 和方式 3 是可变的，由定时器 T1 的溢出率控制。

1. 方式 0 和方式 2

方式 0 的波特率固定为单片机振荡器频率 f_{osc} 的 1/12；方式 2 的波特率由 PCON 中的选择位 SMOD 来决定，其公式如下。

$$\text{波特率} = \frac{2^{SMOD}}{64} \times f_{osc}$$

也就是当 SMOD=1 时，波特率为 $1/32 f_{osc}$，当 SMOD=0 时，波特率为 $1/64 f_{osc}$。

2. 方式 1 和方式 3

定时器 T1 作为波特率发生器，其公式如下：

$$\text{波特率} = \frac{2^{SMOD}}{32} \times \frac{f_{osc}}{12} \times \frac{1}{2^k - \text{计算初值}}$$

定时器 T1 工作在方式 0 时，k 为 13；工作在方式 1 时，k 为 16；工作在方式 2 和方式 3 时，k 为 8。

同样当设置好波特率和工作方式后，计数初值的计算公式如下：

$$\text{计数初值} = 2^k - \frac{2^{SMOD} \times f_{osc}}{32 \times 12 \times \text{波特率}}$$

6.3 串行口应用举例

6.3.1 串并转换

在单片机的实际应用中，常常出现单片机并行端口不够用的情况，这时可以利用串行口来扩展并行口。在串行口工作方式中，有一种是方式 0，即移位寄存器输入/输出方式。利用方式 0 的工作特点，结合外部的移位寄存器，就可以通过串行口来实现通常由并行口完成的任务。

任务一：扩展并行口输出(串行数据转换为并行数据)。

设计要求：已知8051单片机的工作频率为6MHz,要求通过一个串行口来控制8个彩色LED灯,开机后,8个LED灯依次亮灭1s。

设计分析：在主频为6MHz的情况下,可以使用定时器来实现1s的定时。在8个LED没有直接和并行口连接的前提下,使用串行口来实现对LED的亮灭控制实际上是利用串行口扩展为并行口的方式,可以使用串行口的方式0,即移位寄存器方式。在这种方式下,输出的串行数据要通过一个移位寄存器来实现串/并转换,转换后的并行数据可以控制LED灯的亮灭。

电路设计：采用移位寄存器74LS164作为串并转换的枢纽。74LS164是串行数据输入、并行数据输出,在串行口方式0下,写入的数据通过RXD发送到74LS164的数据输入端,固定频率的移位脉冲通过TXD发送到74LS164的时钟输入端。8个LED灯和74LS164的并行数据输出端相连。串/并转换电路设计图如图6-6所示。

软件设计：可以直接在第5章中的流水灯控制的程序上稍加修改即可。只需在初始化函数中将串行口的设置部分添加上,同时在定时中断服务函数中将原先送给P1端口的数据改为送给串行数据发送缓存器SBUF即可。

源程序文件如下。

```
//                              串/并数据转换程序
//                              单片机晶振主频为6MHz
/**************************** 文件名:Serial61.c ****************************/
#include  <reg51.h>
void PowerOnInitial(void);                // CPU 初始化程序
void Timer0 (void);                       // 定时器中断处理函数
unsigned int  n,k;

void main(void)
{
  PowerOnInitial();                       // 开机后,对单片机进行初始化
  k = 0x01;
  while (1)
  { }
   return;
}

// 设置定时器,将定时器 T0 设置为方式 1
// 设置串行口为方式 0

void PowerOnInitial(void)
{
    TMOD = 0x01;                          // 设置 T0 为 16 位定时器,方式 1
    TH0 = 0x3c;                           // 装入时间常数
    TL0 = 0xb0;
    EA = 1;                               // 总中断允许
    ET0 = 1;                              // 定时器 T0 中断允许
    TR0 = 1;                              // 定时器 T0 启动
```

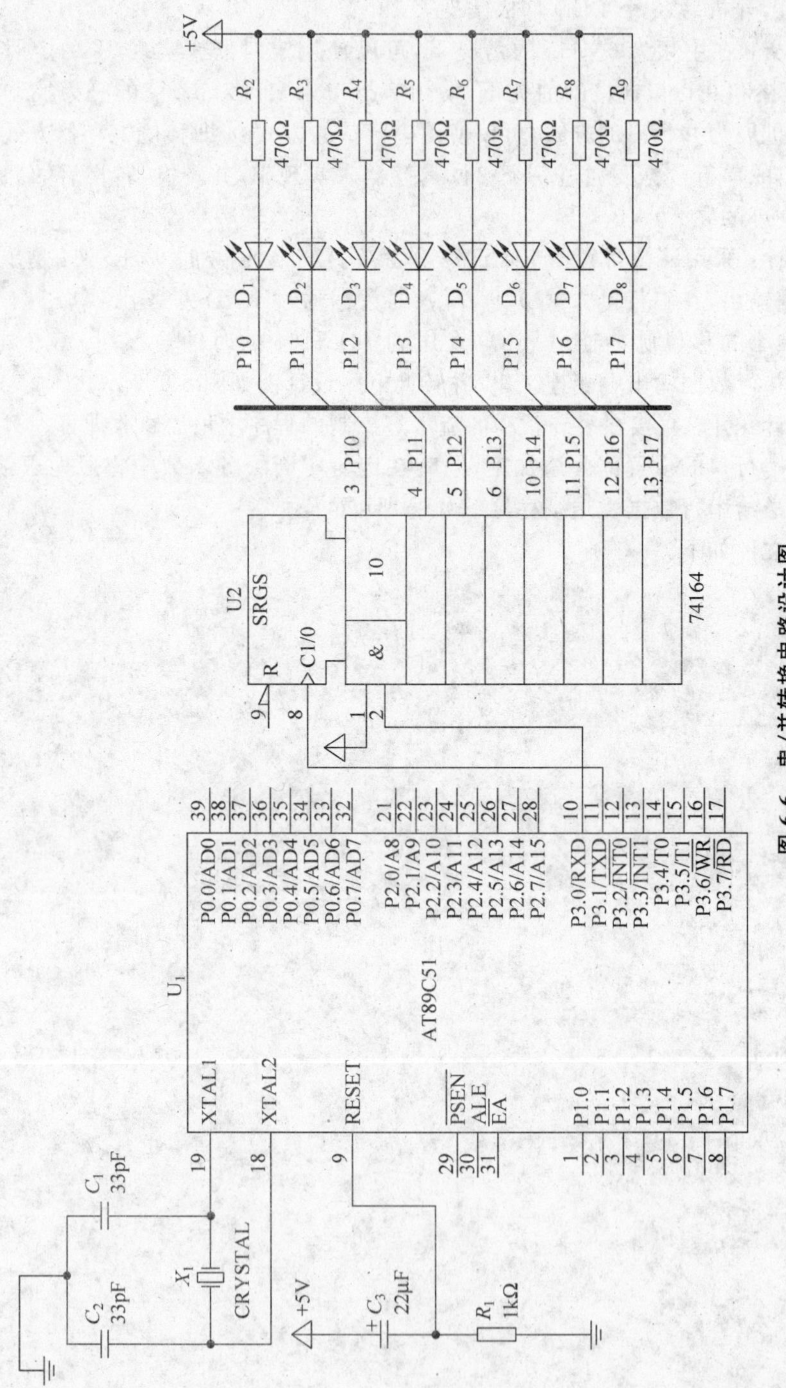

图 6-6 串/并转换电路设计图

```
    SCON = 0x00;                    // 设置串行口为方式 0
    n = 0;                          // n 为每次定时 100ms 的计数值
    k = 0;
    return;
}

// 定时器 T0 中断函数
// 每当定时器定时中断信号到时,即 100ms 定时结束时,执行该函数
void Timer0 (void) interrupt 1 using 1
{
   n++;
    if ( n == 10)                   // 当 n 为 10,则 1s 定时到,发送数据到串行口
   {
        n = 0;
        SBUF = ~k;                  // 由于 LED 是低电平点亮,故要将数据取反后
                                    // 送入串行数据输出缓存器 SBUF 中
        while (TI == 0);            // 等待数据发送完毕,只有数据发送完后,TI 方为 1
        TI = 0;                     // 清除 TI,这样才可以进行下一次数据发送
        k = k<<1;                   // 发送的数据移位,点亮下一个 LED 灯
        if( k == 0x100) k = 0x01;   // 如果最后的 LED 灯点亮了,重新开始
    }
   TH0 = 0x3c;                      // 重新装入时间常数
   TL0 = 0xb0;
   return;
}
```

任务二：扩展并行口输入(并行数据转换为串行数据)。

设计要求：已知 8051 单片机的工作频率为 6MHz,要求将 8 个开关状态通过一个串行口输入,并将该状态通过 8 个 LED 灯显示。

设计分析：8 个开关状态可以组成一个字节的并行数据,通过一个并/串移位寄存器发送给单片机的串行口,单片机通过串行口将数据读取后再通过 P1 端口发送给 LED 灯。

电路设计：并/串转换电路设计图如图 6-7 所示,其中并/串移位寄存器选用 74LS165,将 74LS165 的并行数据输入端和 8 个开关相连接,串行数据输入端 SO 和单片机的串行口 RXD 相连,串行口的 TXD 依然作为移位脉冲信号输出端和 74LS165 的时钟端 CLK 连接。74LS165 的 SH/LD 端为移位/加载(Shift/Load),当 SH/LD=1 时,表示移位状态;当 SH/LD=0 时,表示加载状态。在开始移位之前,需要先从并行数据输入端口中读取 8 位的开关状态数据,则需要设置 SH/LD 为 0。当加载完后,则要将 SH/LD 置为 1,这时并行数据输入被封锁,移位操作开始,在 TXD 传来的移位脉冲的控制下,8 位并行数据被逐位串行发送到 SO 端。本设计中将 SH/LD 和单片机的 P3.3 相连,由程序控制该位置 1 或清 0。

软件设计：本设计的程序设计比较简单,只需要将串行数据接收到数据接收缓存器 SBUF 后,再将该数据送 P1 端口即可。

源程序文件如下。

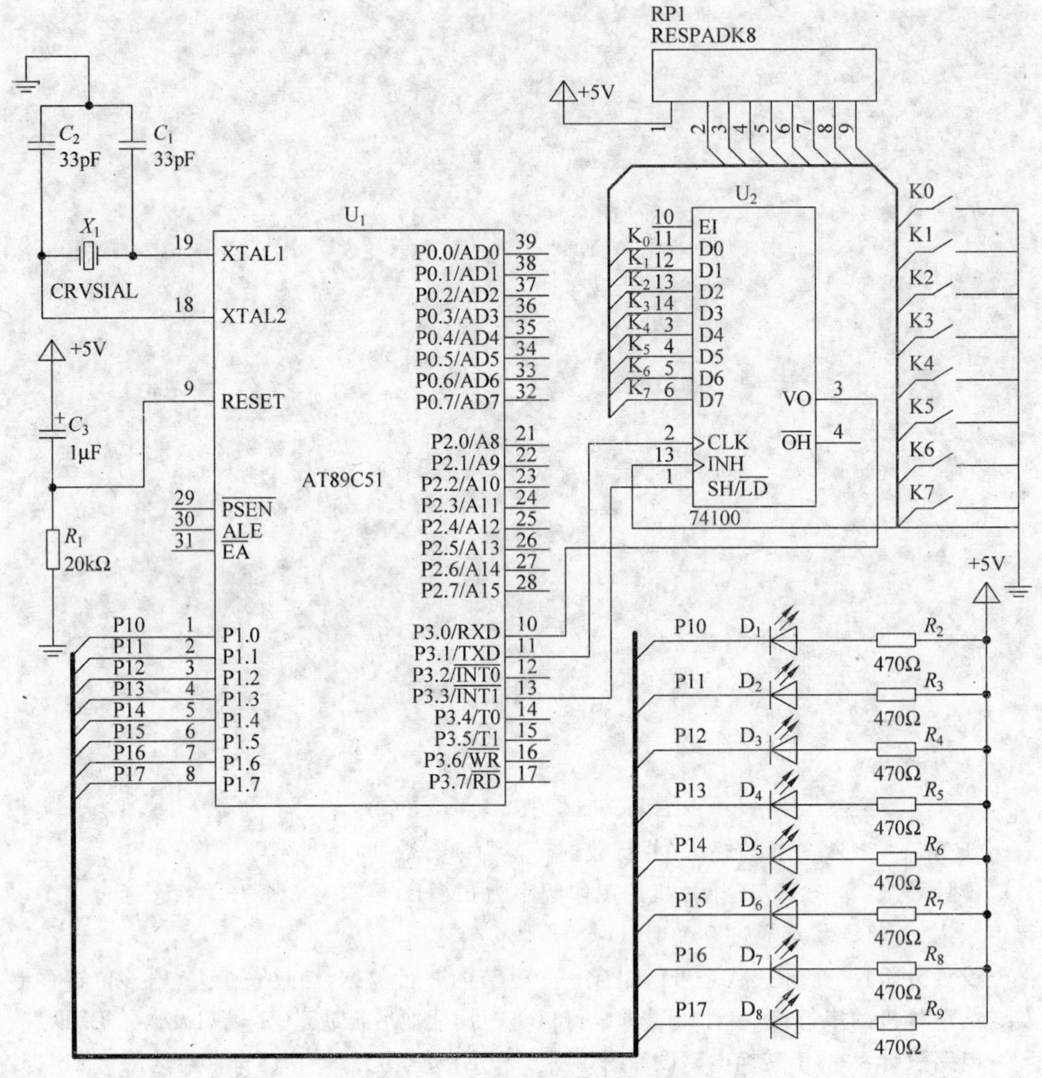

图 6-7 并/串转换电路设计图

```
//                    并行数据转换串行数据程序
//                    单片机晶振主频为 6MHz
/************************* 文件名: chart62.c *************************/

  #include    <reg51.h>
  sbit SHLD = 0xB3;              // 定义 SHLD 和 P3.3 对应
  void Delay(int Time_ms);       // 延时子程序

void main(void)
{
    SCON = 0x10 ;                // 设置串行口工作在方式 0,并允许接受数据
    while(1)
    {
```

```
        SHLD = 0;                    // 将 74LS165 的 SH/LD 置 0,读入 8 位并行开关数据
        SHLD = 1;                    // 将 74LS165 的并行端口封锁,启动串行数据传送
        while ( RI == 0);            // 等待数据传送完毕
        RI = 0;                      // 准备下一个数据的接受
        P1 = SBUF;                   // 将接收到的数据发送 P1 端口
        Delay (200);
        }

    return;
}
/****************** 延时程序,输入的参数为毫秒数 *********************/
void Delay(int Time_ms)
{

    int i;
    unsigned char j;

    for(i = 0;i < Time_ms;i ++ )
       {
        for(j = 0;j < 150;j ++ )
          {
          }
       }
}
```

6.3.2　双机通信

任务三：两个单片机之间的数据传送。

设计要求：已知两个 8051 单片机的工作频率均为 11.0592MHz,要求一个单片机(甲机)将一组并行数据,即 8 个开关的状态信息通过串行口发送给另一个单片机(乙机),并通过 8 个 LED 灯表示出来。数据传送的波特率为 2400bps。

设计分析：两个单片机均设定为工作在串行工作方式 1 下,即波特率可变的 10 位异步串行接口方式下。甲机读取并行端口数据,按照设定好的波特率以方式 1 将数据依次从串行口发送,同时乙机等待接收串行口传来的数据,一旦有低电平到来,就开始接收数据,并将接收的数据发送并行口,从而控制 LED 灯的亮灭。晶振主频选用 11.0592MHz 的目的是方便定时器时间常数的计算。

电路设计：将两个单片机之间的 TXD 和 RXD 相连,如图 6-8 所示。单片机甲(U2)在 P1 口接一个拨码开关,将拨码开关的状态信息读入,再以串行形式发送给另一个单片机乙(U1)。单片机乙在接收到数据后传送给 P1 的 8 个 LED,控制其亮灭以显示拨码开关的状态。

软件设计：由于是两个单片机之间的数据通信,所以要为两个单片机编写各自的程序,一个是发送数据程序,一个是接收数据程序。两个单片机均采用串行通信方式 1,所以定时器 T1 要作为波特率发生器使用,所以在程序中要对定时器 T1 进行设置,将其设置为工作方式 2,即 8 位自动加载工作方式。

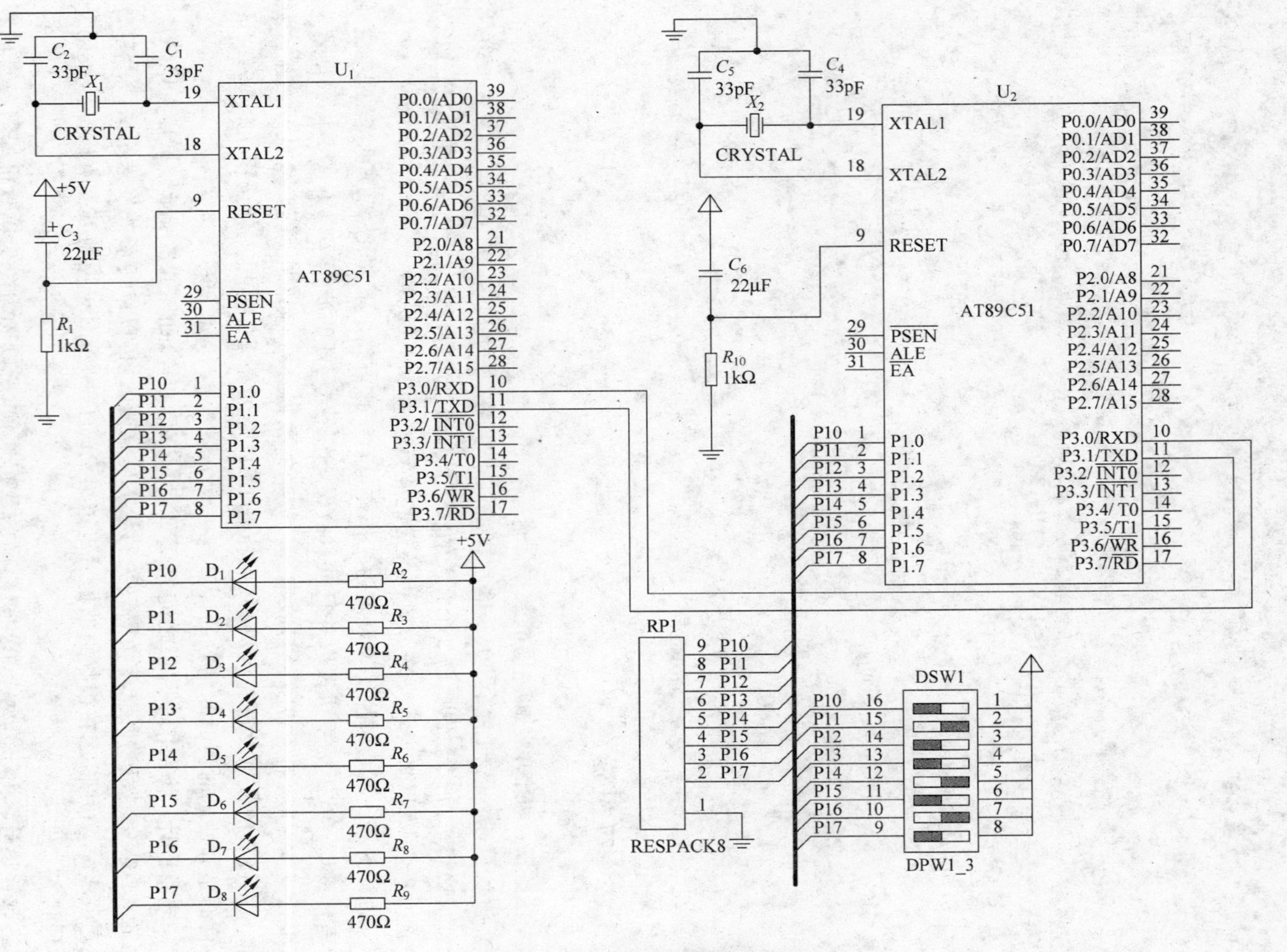

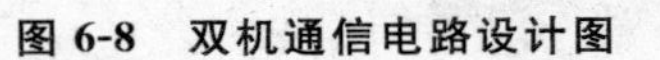
图 6-8 双机通信电路设计图

由于波特率为2400bps，f_{osc}为11.0592MHz，设SMOD为0，所以可以根据以下公式计算出定时器T1的时间常数T：

$$T = 256 - 11059200/(384 \times 2400) = 244 = F4H$$

为了使定时器T1恰好能产生波特率为2400bps的时钟信号，特选用晶振为11.0592MHz。

在发送和接收程序中，采用查询方式，甲机通过查询TI标志来判断数据是否发送完毕，乙机则通过查询RI标志来判断数据是否接收到数据。甲机在发送前要将TI清零，乙机接收前也要将RI清零。如果发送成功，硬件会自动将TI置1，如果乙机接收到数据，硬件也会自动将RI置位。每一次数据发送和接收完毕后要注意将TI和RI清零。

源程序文件如下。

甲机的发送程序如下。

```
//                    双机通信发送程序
//                    单片机晶振主频为11.0592MHz
/************************文件名：chart63-1.c ************************/
  #include    <reg51.h>
  void Delay(int Time_ms);                    // 延时子程序

void main(void)
{
    SCON = 0x40;                              // 设置串行口工作在方式1并允许发送数据
    TMOD = 0x20;                              // 设置定时器T1工作在方式2
    PCON = 0x00;                              // 波特率倍数为1
    TH1  = 0xF4;                              // 加载时间常数
    TL1  = 0xF4;
    TI   = 0;
    TR1  = 1;                                 // 启动定时器T1

   while(1)
    {
     SBUF = P1;                               // 读取开关状态信息并发送串行数据发送缓存器
     while (TI == 0);                         // 等待串行数据发送完毕
     TI   = 0;                                // TI清零，开始下一次的数据传送
     Delay (200);
     }
    return;
}
/******************* 延时程序，输入的参数为毫秒数 *********************/
void Delay(int Time_ms)
{

   int i;
   unsigned char j;

   for(i=0;i<Time_ms;i++)
      {
```

```
        for(j=0;j<150;j++)
          {
          }
        }
}
```

乙机的接收程序如下。

```
//                          双机通信接收程序
//                          单片机晶振主频为 11.0592MHz
/************************ 文件名:chart63-2.c ************************/
  #include    <reg51.h>
  void Delay(int Time_ms);          // 延时子程序

void main(void)
{
    SCON = 0x50;                    // 设置串行口工作在方式 1 并允许接受数据
    TMOD = 0x20;                    // 设置定时器 T1 工作在方式 2
    PCON = 0x00;                    // 波特率倍数为 1
    TH1  = 0xF4;                    // 加载时间常数
    TL1  = 0xF4;
    RI   = 0;                       // 准备数据接收
    TR1  = 1;                       // 启动定时器 T1

    while(1)
    {
     while (RI == 0);               // 等待数据接收完毕
     RI   = 0;
     P1 = SBUF;                     // 将接收到的数据发送并行口,控制 LED 灯亮灭
     Delay (200);
     }
       return;
}
/****************** 延时程序,输入的参数为毫秒数 **********************/
void Delay(int Time_ms)
{
   int i;
   unsigned char j;
   for(i=0;i<Time_ms;i++)
      {
       for(j=0;j<150;j++)
         {
         }
       }
}
```

6.3.3 单片机与 PC 的通信

在许多应用场合,需要利用 PC 和单片机进行数据通信,由 PC 发出控制信息给单片机,单片机根据控制信息来控制具体的各种设备。一般情况下,单片机和 PC 均采用串行

通信方式,PC 通过自身所带的 RS-232 串行端口和单片机相连。由于 RS-232 串行通信标准在电气特性上是采用负逻辑,逻辑“1”电平在－5V～－15V 范围内,逻辑“0”电平则在＋5V～＋15V 范围内,它和单片机串行通信采用的 TTL 电平标准是不一样的,TTL 电平标准采用正逻辑,逻辑“1”电平为＋5V,逻辑“0”电平为 0V,所以要实现 PC 和单片机之间的通信,必须实现相互之间的电平转换。通常采用专门的电平转换芯片来实现 TTL 和 RS-232 之间的电平转换,目前采用最多的是美国 MAXIM 公司所生产的 MAX232 串行口电平转换芯片。

MAX232 芯片内部包含 2 个收发器,利用 4 个外接电容就可以在＋5V 电源供电的条件下,将 TTL 电平(0V、5V)转换成 RS-232 电平(＋12V、－12V),其引脚分布及典型工作电路如图 6-9 所示。

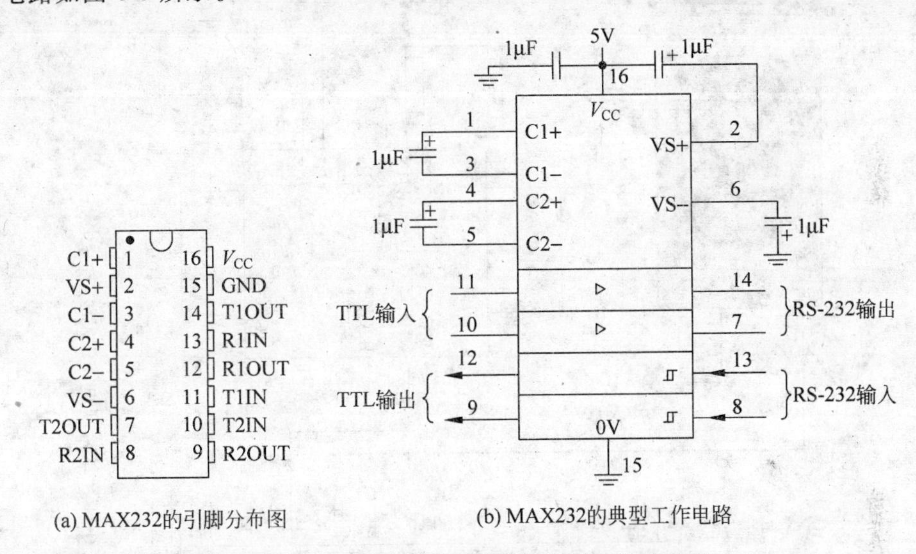

(a) MAX232的引脚分布图　　(b) MAX232的典型工作电路

图 6-9 MAX232 的引脚分布和典型工作电路图

任务四:单片机向 PC 发送数据。

设计要求:已知 8051 单片机的工作频率为 11.0592MHz,单片机每隔 1s 向 PC 发送一个字符“#”,数据传送的波特率为 2400bps。

设计分析:单片机设定为工作在串行工作方式 1 下,即波特率可变的 10 位异步串行接口方式下,同时 1s 的定时由片内的定时器 T0 实现,将定时器 T0 定义为定时器方式 1 下,定时时间为 10ms,因此可以计算出时间常数

$$N = 2^{16} - 10 \times 10^{-3} \times 11.0592 \times 10^{6}/12 = 65536 - 9216 = 56320 = \text{DC00H}$$

将定时器 T1 设置为波特率为 2400bps 的波特率发生器,工作在定时器方式 2 下,时间常数为 F4H。

当定时器 T0 定时结束执行中断函数时,计数值加 1,当计数值为 100 时,则意味着 1s 定时结束,在中断函数中,向串行口数据发送缓存器写入数据“#”。

电路设计:电路设计图如图 6-10 所示。其中单片机的串行数据发送(TXD)、数据接收(RXD)和电平转换芯片 MAX232 相连,MAX232 的接收(R1IN)输出(T1OUT)和 D 型

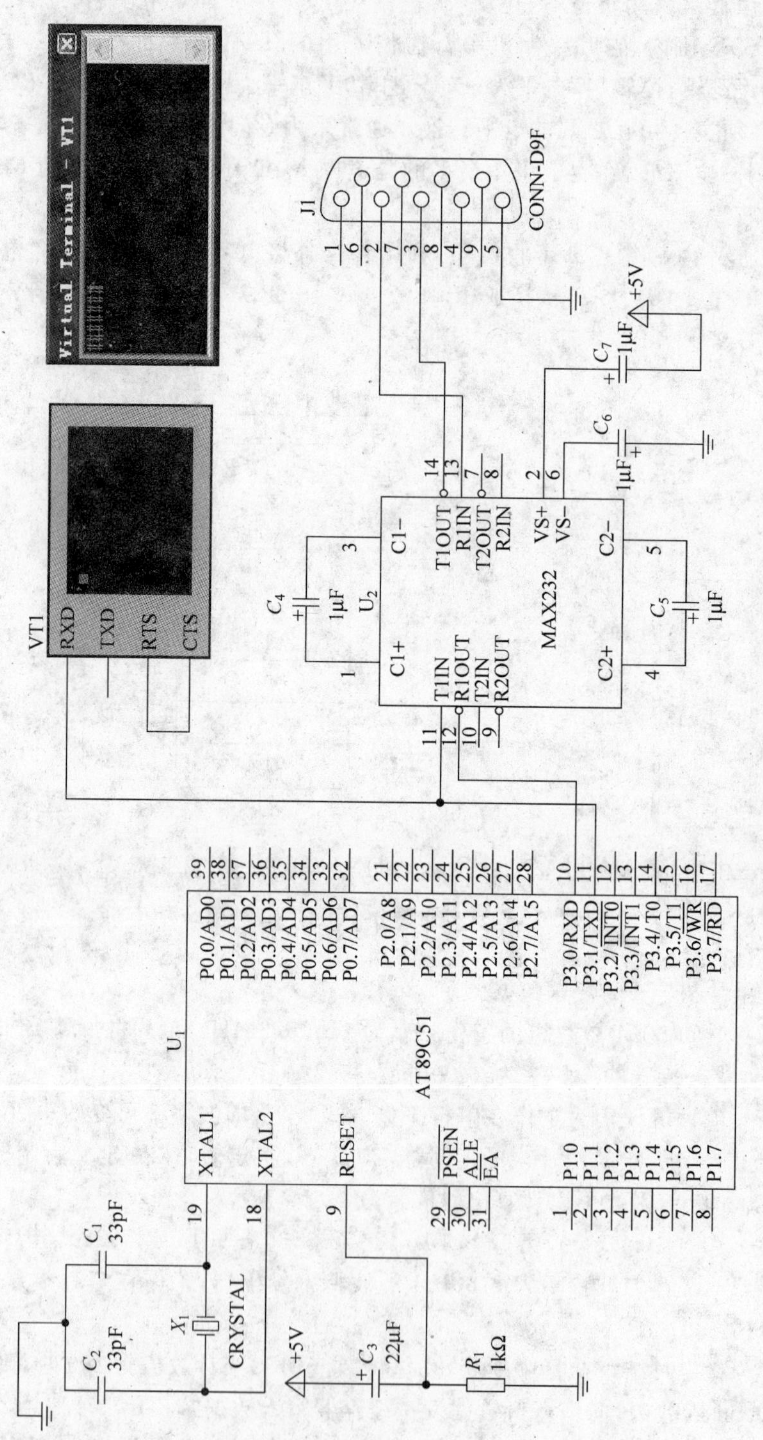

图 6-10 单片机向 PC 发送字符电路

插座的2、3引脚连接。为了仿真运行时能观察数据输出的效果，添加一个虚拟终端(VT1)，将单片机的串行口数据输出和VT1的串行数据接收(RXD)连接。

软件设计：1s的定时采用定时器定时方式得到，使用定时器T0，每次定时10ms，在程序中定义一个计数值，每一次定时中断后，该计数值加1，当加到100时，总定时时间为1s，就向串行口发送一个字符"#"。

源程序文件如下。

```
//                         单片机与PC通信发送程序
//                         单片机晶振主频为11.0592MHz
/*********************** 文件名：chart6-4.c ***********************/
  #include    <reg51.h>
  void Timer0(void);                    // 定时器1延时中断函数
  unsigned int n;

void main(void)
{
    //设置串行口参数
    SCON = 0x40;                        // 设置串行口工作在方式1并允许发送数据
    PCON = 0x00;                        // 波特率倍率为1
    TH1  = 0xF4;                        // 设置定时器1为2400bps的波特率发生器
    TL1  = 0xF4;
    TI   = 0;
    TR1  = 1;                           // 启动定时器T1,即波特率发生器

    //设置中断和定时器0
    EA = 1;                             // 中断总允许
    ET0 = 1;                            // 定时器T0中断允许
    IP  = 0x00;                         // 设置中断优先权级别
    TMOD = 0x21;                        // 设置定时器T0为方式1,T1为方式2
    TH0 = 0xdc;                         // 加载T0的时间常数
    TL0 = 0x00;
    TR0 = 1;                            // 启动定时器T0,定时开始

  while(1)                              // 等待定时中断到
    {
    }
    return;
}

//定时器T0中断函数,每当定时器定时中断信号到时(即10ms定时结束),执行该函数

void Timer0 (void) interrupt 1 using 1
{
  n++;                                  // 每来1次中断(10ms),计数值加1
  if ( n == 100)                        // 当计数值为100时,即意味着1s定时到,发送字符
```

```
    {
      n = 0;
      SBUF = '#';              //发送字符#到串行口,给 PC
      while(TI == 0);          //等待串行数据发送结束
      TI = 0;
     }

   TH0 = 0xdc;                 //重新装入定时器 T0 的时间常数
   TL0 = 0x00;
   return;
}
```

在 Proteus 软件上对该设计进行仿真运行,可以在虚拟终端上观察到发送的字符'#',如图 6-10 所示。

注意在仿真运行前,一定要对 D 型插座和虚拟终端进行设置。双击 D 型插座,会出现一个参数设置对话框,选中 Exclude from simulation 复选框。在虚拟终端的参数设置对话框中,要设置数据的格式:8 位数据位、无奇偶校验位、1 位的停止位,数据传送率为 2400bps。

6.4 总结

1. 串行通信

串行通信是指计算机和外部设备或计算机之间的数据通信在发送或接收时钟控制下,按位依次传送的通信方式。

2. 线路的工作方式

线路的工作方式有 3 种,分别是单工方式、半双工方式和全双工方式。单工方式下,只需要一根数据线,线路上的数据流向是单方向的;半双工方式下,线路也只需一根,但是数据的流向可以是双向的,由开关控制流向,任何一个时刻只能有一个流向;全双工方式下,需要两根通信线路,设备可以同时接收或发送信息。

3. 串行通信方式及各自特点

串行通信方式有两种:异步通信方式和同步通信方式。同步通信方式的特点是发送方和接收方的时钟要严格保持一致,数据在发送中不能停顿;异步通信方式对时钟的要求不是很高,数据的传送效率较同步方式低,发送一个字符后可以暂停。

4. 单片机串行口的工作方式

单片机串行口的工作方式有 4 种,分别为 8 位同步移位寄存器方式、波特率可变的 10 位异步串行接口方式、波特率固定的 11 位异步串行接口方式和波特率可变的 11 位异步串行接口方式。工作方式可以通过串行口控制寄存器 SCON 来设定。

思考与练习 6

1. 8051 单片机中与串行口有关的特殊功能寄存器有哪些？各自的功能是什么？

2. 线路工作方式有哪几种？各自的特点是什么？

3. 在串行通信中如何使用 RS-232 接口？

4. 什么叫数据传送率？它是可以任意设定的吗？它与时钟频率的关系是什么？如果串行口每分钟传送 3600 个字符(每个字符占 10 位)，计算它的数据传送率。

5. 写出异步通信方式和同步通信方式一帧的数据格式。

6. 设单片机的时钟频率为 11.0592MHz，采用定时器 T1 作为波特率发生器，数据的传送率为 9600bps，求出 T1 的时间常数。

7. 两个 8051 单片机系统进行双机通信，工作于方式 1，将甲机片内存储器 30H～4FH 单元存放的数据发送到乙机相应的单元中，要求画出电路连接图，写出发送和接收程序(时钟为 11.0592MHz，数据传送率为 2400bps)。

第7章

存储器系统扩展技术

通过本章的学习，应该掌握：

(1) 存储器的分类

(2) 外部存储器的扩展方法

(3) 数据掉电保护的方法

7.1 存储器概述

在计算机系统中,存储器是用来存储程序和数据的,是计算机的重要组成部分。按照存储介质不同,存储器分为磁性存储器、半导体存储器和光存储器;按照存储器与微处理器的连接关系,存储器分为内部存储器和外部存储器。目前,微型计算机的内部存储器都采用半导体存储器。

按照存储器的存取功能,存储器可分为只读存储器(Read Only Memory,ROM)和随机存取存储器(Random Access Memory,RAM)两大类。

7.1.1 只读存储器

这类存储器的特点是:当把信息写入后能长期保存,不会因电源断电而丢失。计算机在运行过程中,一般只能读出存储器中的信息,不能再写入信息。只读存储器用来存放固定的程序和数据,如单片机的主控程序、数据表格等。

根据写入或擦除的方式不同,ROM可分为掩膜式ROM、可编程ROM(PROM)、紫外线擦除可编程ROM(EPROM)、电擦除可编程ROM(EEPROM或E^2PROM)和快擦写型存储器(Flash Memory)。

1. 掩膜式ROM

掩膜式ROM是由存储器芯片生产厂家用最后一道掩膜工艺将信息写入,出厂后用户不能再对其中的数据进行修改。掩膜式ROM集成度高、成本低,适合用于大批量生成而且程序已经定型的产品中。

2. 可编程ROM(PROM)

PROM芯片在出厂前未写入信息,用户使用时可根据要求一次性写入信息(即编程)。信息的写入是在专用的编程器上完成的,一旦写入完毕,芯片内容不能再作更改。

3. 紫外线擦除可编程ROM(EPROM)

EPROM由用户利用编程器写入信息,其内容可以更改。当需要更改时,只需将芯片放在专用的擦除器中,在紫外线照射下使其内部原先存储的信息被擦除,然后再重新编程。这样能反复多次使用,重复可擦写次数可以达到数百次以上。

4. 电擦除可编程ROM(EEPROM)

EEPROM在使用特性上与EPROM的区别是它可以采用电的方法擦除信息。除了能整片擦除以外,还能实现字节擦除,并且擦除和写入操作可以在直接在系统内进行,不需要附加设备。重复擦写次数可以达到数万次以上。因而EEPROM比EPROM性能更优越,但价格较高。由于可以在线擦写,EEPROM也可以作为RAM使用。

5. 快擦写型存储器(Flash Memory)

Flash Memory是一种新型的可擦除、非易失性的存储器,是EPROM和EEPROM

技术有机结合的产物。它既有 EPROM 价格低、集成度高的优点，又有 EEPROM 电可擦除、写入的特性，其擦除和写入的速度比 EEPROM 快得多，但是它只能整片擦除。目前 Flash Memory 允许擦写次数可以达 10 万次。

7.1.2 随机存取存储器

随机存取存储器在计算机运行时可以随时读出或写入信息。如果电源断电，其内部存储的信息会立即丢失。随机存取存储器用来存放现场输入的数据、计算机采集的信息、运算结果和要输出的数据等。

MOS 型 RAM 按照其基本存储电路的结构和特性，分为静态 RAM(Static RAM，SRAM)和动态 RAM(Dynamic RAM，DRAM)两大类。具体类型除了这两种以外，还有基于 SRAM 或 DRAM 而构成的组合型 RAM。

1. 静态 RAM(SRAM)

MOS 型静态 RAM 的基本存储单元是 MOS 双稳态触发器，一个触发器可以存储一位二进制信息。SRAM 能可靠地保存所存储信息，不需要刷新操作，只要电源不断，信息不会丢失。但 SRAM 芯片集成度较低、功耗较大、电路连接简单，常用于存储容量较小的微机应用系统。

2. 动态 RAM(DRAM)

MOS 型动态 RAM 利用 MOS 管中栅极和源极之间的电容来保存信息。由于栅源极间电容的电荷量会逐渐泄漏，因此需要 CPU 按一定时间(一般为 2ms)将所有存入信息重新写一遍，以保持原来的信息不变。这一操作称为动态存储器的刷新。为此，需要刷新电路和相应的控制逻辑。DRAM 芯片集成度高、功耗小、价格低，但接口电路较复杂，一般应用于存储容量大的微机系统。

3. 集成 RAM(Integrated RAM，iRAM)

这是一种带刷新逻辑电路的 DRAM。它自带刷新逻辑，因而简化了与微处理器的连接电路，使用它和使用 SRAM 一样方便。

4. 非易失性 RAM(Non-Volatile RAM，NVRAM)

存储体由 SRAM 和 EEPROM 两部分组合而成。正常读写时，SRAM 工作；当要保存信息时(如电源掉电)，控制电路将 SRAM 的内容复制到 EEPROM 中保存；存入 EEPROM 中的信息又能够恢复到 SRAM 中。

NVRAM 既能随机存取，又具有非易失性，适合用于需要掉电保护的场合。目前芯片容量还不能做得很大，另外，EEPROM 的擦写次数有限，因而影响 NVRAM 的使用寿命。

7.1.3 存储器系统扩展

由于单片机片内所能提供的存储器容量是有限的，如常用的 AT89C51 单片机内部只有 4KB 的程序存储器和 128B 的数据存储器，8031 单片机内部甚至没有程序存储器。

当单片机需要大容量的存储器来存储程序或者保存要处理的数据时，就需要片外存储器来满足需求，因此在很多场合需要对存储器系统进行扩展。存储器系统扩展一般分成程序存储器扩展和数据存储器扩展两种形式。

程序存储器一般采用 EPROM、EEPROM 芯片。为了使电路设计简单，在只需要扩展小容量的数据存储器时，一般数据存储器选用静态 RAM 芯片。

通常情况下，外部芯片是通过总线和单片机实现连接。所谓总线就是单片机连接各外部芯片的一组公共信号线，按其功能分为地址总线（Address Bus，AB）、数据总线（Data Bus，DB）和控制总线（Control Bus，CB）。

对 8051 系列单片机而言，程序存储器系统最大可以到达 64KB，所以要求单片机能提供 16 位的地址总线来满足对存储器系统的寻址要求，同时单片机要能提供 8 位的数据总线。因此，单片机以 P0 口作为低 8 位地址/数据总线使用，P0 口线具有地址线和数据线的双重功能，因此构造地址总线时，采用地址锁存器先把低 8 位地址信息送地址锁存器锁存，然后由地址锁存器给存储器系统提供低 8 位地址线，再将 P0 口作为 8 位数据线使用，这种分时操作的方法能对地址和数据进行分离。以 P2 口作为高 8 位地址总线，再加上 P0 口提供的低 8 位地址线，就形成 16 位地址总线，使单片机的寻址范围达到 64KB。

在 P0 口输出有效的低 8 位地址时，ALE 脉冲信号正好处于下降沿时刻，所以正好可以采用该信号作为将低 8 位地址锁存在地址锁存器中的锁存信号；用 PSEN 作为程序存储器的读选通信号；以 EA 信号作为内外程序存储器的选择信号；以 RD、WR 作为存储器的读、写选通信号。

通常作为单片机的地址锁存器的芯片为 74LS373，芯片引脚如图 7-1 所示，它是带三态输出的 8 位锁存器，当 OE＝0、LE＝1 时，输出跟随输入变化，当 OE＝0、LE 由高变低时，输出端的 8 位信息被锁存，直到 LE 再次变为高电平。因此选用 74LS373 作为地址锁存器时，可直接将单片机的 ALE 信号和 74LS373 上的 LE 端相连，而将 OE 接地，如图 7-2 所示。

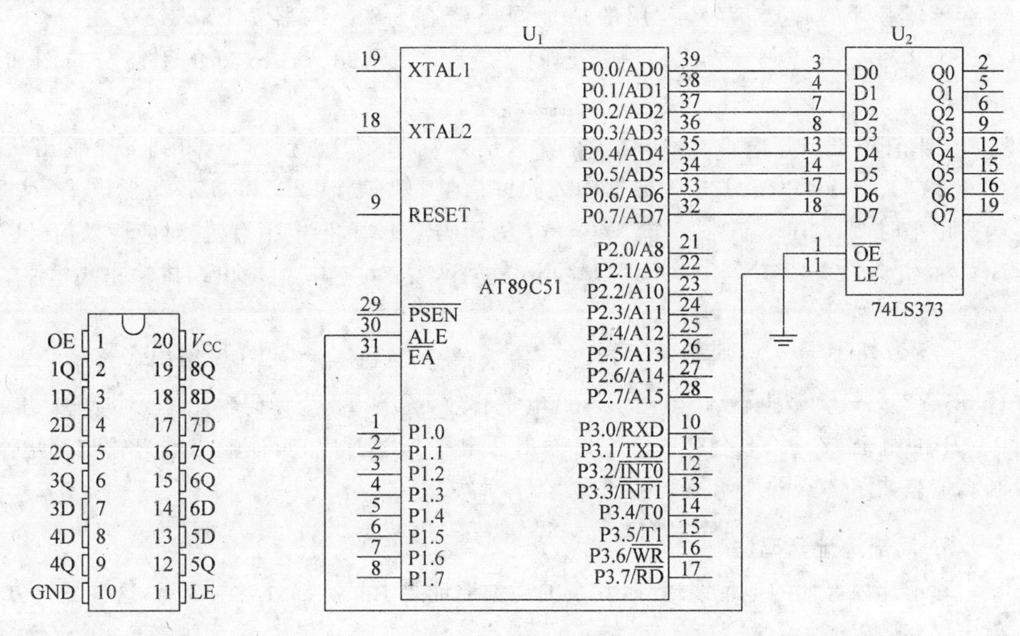

图 7-1　74LS373 引脚分布图　　　　图 7-2　74LS373 和单片机的连接

7.1.4 存储器系统的编址

编址就是使用单片机地址总线，通过适当的连接，最终达到一个存储单元对应唯一一个地址的目的。由于存储器系统通常采用多片存储器芯片，因此其编址分为两个层次，即芯片选择和片内存储单元的选择。

由于存储器芯片内部就自带片内存储单元地址译码电路，所以只需要将存储器芯片上的地址线和单片机上能分配的地址线一一对应连接好即可。

而存储器的编址实际上主要研究芯片选择即片选问题。片选有 3 种方法：线选法、全地址译码法和局部地址译码法。

1. 线选法

线选法就是利用单片机的一根空闲的高位地址线(通常选用 P2 的某根线)选中一个外部扩展芯片，若要选中某个芯片工作，则将对应芯片的片选信号端设为低电平，其他没有被选中的芯片的片选信号端设为高电平，从而保证只选中指定的芯片工作。

当应用系统只需要扩展少量外部存储器和 I/O 端口时，可以采用这种方法，其优点是不需要地址译码器，可以节省器件、减少体积、降低成本；缺点是可寻址的器件数目受到很大限制，而且地址空间不连续，这些都会给系统程序设计带来不便。

2. 全地址译码法

对于 RAM 容量较大和 I/O 端口较多的单片机应用系统进行外部扩展，当芯片所需要的片选信号多于可利用的高位地址线时，就需要采用地址译码法。全译码方式是将片内寻址的地址线以外的高位地址线全部输入到译码器进行译码，将译码器的输出端作为各存储器芯片的片选信号，常用的地址译码器有 3-8 译码器 74LS138、双 2-4 译码器 74LS139 和 4-16 译码器 74LS154 等。图 7-3 为 74LS138、74LS139 的引脚分布图和真值表。

74LS138 是 3-8 译码器，即对 3 个输入信号(A、B、C)进行译码，得到 8 个输出状态(Y0～Y7)。G1、G2A、G2B 为数据输入允许信号，只有当 G2A 和 G2B 为低电平，且 G1 为高电平时，74LS138 正常工作。Y0～Y7 为译码输出端，低电平有效，对应输入信号(A、B、C)的组合，Y0～Y7 会有一个端口输出低电平与之对应，其他输出端口输出高电平，其真值表如图 7-3(c)所示。

74LS139 是双 2-4 译码器，即对 2 个输入信号(A、B)进行译码，得到 4 个输出状态(Y0～Y3)。G 为数据输入允许信号，低电平有效，Y0～Y3 为译码输出端，对应输入信号(A、B)的组合，Y0～Y3 会有一个端口输出低电平与之对应，其他输出端口输出高电平，其真值表如图 7-3(d)所示。

3. 局部地址译码法

除了片内寻址的地址线以外，其余的高位地址线中只有部分参与译码，这种片选方式称为局部译码。

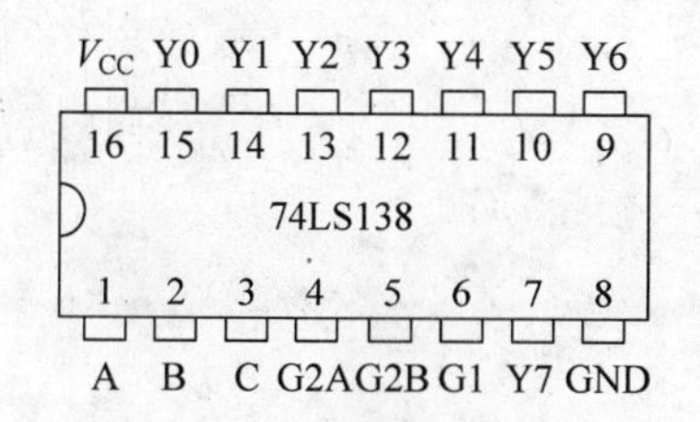

(a) 74LS138引脚分布图

V_{CC} 2G 2A 2B 2Y0 2Y1 2Y2 2Y3
16 15 14 13 12 11 10 9
74LS139
1 2 3 4 5 6 7 8
1G 1A 1B 1Y0 1Y1 1Y2 1Y3 GND

(b) 74LS139引脚分布图

74LS138

输入					输出							
允许		选择										
G1	G2 G2=G2A+G2B	C	B	A	Y0	Y1	Y2	Y3	Y4	Y5	Y6	Y7
×	1	×	×	×	1	1	1	1	1	1	1	1
0	×	×	×	×	1	1	1	1	1	1	1	1
1	0	0	0	0	0	1	1	1	1	1	1	1
1	0	0	0	1	1	0	1	1	1	1	1	1
1	0	0	1	0	1	1	0	1	1	1	1	1
1	0	0	1	1	1	1	1	0	1	1	1	1
1	0	1	0	0	1	1	1	1	0	1	1	1
1	0	1	0	1	1	1	1	1	1	0	1	1
1	0	1	1	0	1	1	1	1	1	1	0	1
1	0	1	1	1	1	1	1	1	1	1	1	0

(c) 74LS138真值表

74LS139

输入			输出			
允许	选择					
G	B	A	Y0	Y1	Y2	Y3
1	×	×	1	1	1	1
0	0	0	0	1	1	1
0	0	1	1	0	1	1
0	1	0	1	1	0	1
0	1	1	1	1	1	0

(d) 74LS139真值表

图 7-3　74LS138、74LS139 的引脚分布图和真值表

7.2 程序存储器系统扩展

任务一：给 8031 单片机配置片外程序存储器(EPROM)。

设计要求：由于 8031 单片机内没有程序存储器，所以要给单片机扩展一个外部程序存储器。系统要求扩展 8KB 的 EPROM 存储器。

设计分析：由于只需要扩展 8KB 的程序存储器，因此选用 EPROM 27C64 芯片。27C64 是一种 8K×8 位的 28 引脚的采用 CMOS 工艺制成的可用紫外线擦除可编程只读存储器(EPROM)，其引脚图如图 7-4 所示。

引脚	号	号	引脚
V_{PP}	1	28	V_{CC}
A12	2	27	$\overline{PGM}$
A7	3	26	NC
A6	4	25	A8
A5	5	24	A9
A4	6	23	A11
A3	7	22	$\overline{OE}$
A2	8	21	A10
A1	9	20	$\overline{CE}$
A0	10	19	O7
O0	11	18	O6
O1	12	17	O5
O2	13	16	O4
V_{SS}	14	15	O3

27C64

图 7-4　27C64 引脚分配图

其引脚定义如下。

A0～A12：13 位地址线。

O0～O7：8 位数据线。

$\overline{CE}$：片选线，低电平有效。

$\overline{PGM}$：编程选通线，低电平有效，当 PGM＝0、CE＝0 时，允许编程器对它进行编程。

$\overline{OE}$：输出允许信号线，当 OE＝0、CE＝0 时，单片机可以对它进行读操作。

V_{CC}：电源+5V。

V_{PP}：编程高压，在编程器上编程时，该引脚接入 12V 编程电压。

V_{SS}：地。

27C64 的工作方式主要有以下几种。

1. 读操作

当 CE=0、OE=0、PGM=1 时，可以对 27C64 进行读操作，可以将选中的存储单元中的数据读到数据总线上。

2. 编程操作

EPROM 在由工厂提供的产品未被编程前所有的数据位都是逻辑“1”，用户可以根据需要使用专门的编程器把数据写入到选中的存储单元中。如果要将数据擦除，并将所有的数据位重新改为“1”，不能使用编程器，而是使用紫外线灯照射在 EPROM 芯片上的石英窗口上一段时间即可。当 CE=0、OE=1、PGM=0 时，在 V_{PP}上加上规定的高电压，就可以对 27C64 进行编程操作。

3. 编程禁止

通过编程禁止可以实现用不同数据对多片 EPROM 芯片编程，这只要控制 CE 或 PGM 为高电平就可以使其他芯片处于编程禁止状态。

电路设计：具体电路设计如图 7-5 所示。

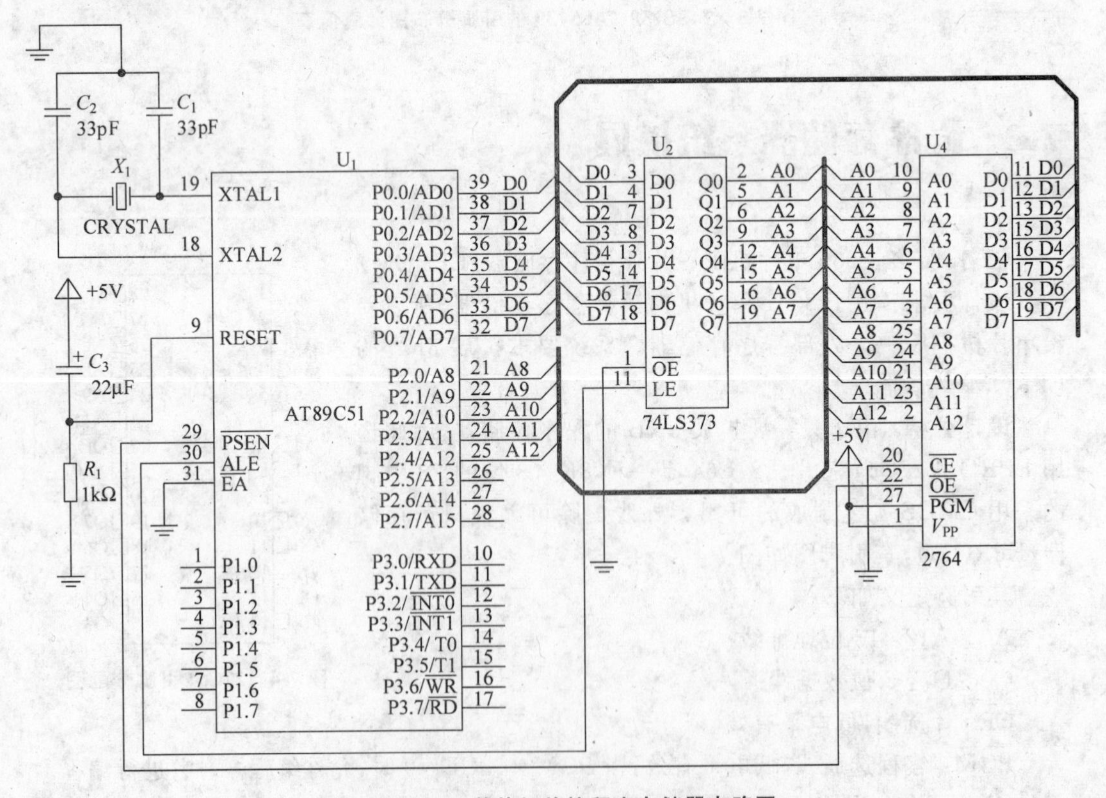

图 7-5　8031 单片机外接程序存储器电路图

单片机的P0口和P2口的16根I/O线输出地址信息，P2口的4根输出线(P2.0～P2.3)与存储器的高4位(A9～A12)相连。P0口作为分时复用的地址/数据总线，分别与外接地址锁存器74LS373的数据输入端(D0～D7)以及存储器的数据线(D0～D7)连接。而地址锁存器的输出端(Q0～Q7)与存储器的低8位地址线(A0～A7)相连。单片机的EA接地，PSEN与存储器的输出允许OE端连接，ALE和锁存器的LE相连，存储器的CE端接地。

由于选用的程序存储器是EPROM，需要专门的编程器先将应用程序烧写到存储器中，方可使用。在焊接电路板时，为了方便程序调试，存储器位置应先焊上一个插座，便于修改程序时存储器的拔插。

7.3 数据存储器扩展

任务二：给单片机配置片外数据存储器。

设计要求：给AT89C51单片机外扩一个片外数据存储器，存储器容量为8KB，并实现对它的读写操作，即向存储器中写入一组数据(1～200)，然后读出并用一组LED灯的状态来显示读出的数据，用一个按钮控制LED灯，每按下一次按钮，读出一次数据。

设计分析：由于需要扩展8KB的数据存储器，因此选用SRAM6264芯片。6264是一种8K×8位的28引脚的采用CMOS工艺制成的静态读写存储器(SRAM)，其引脚图如图7-6所示。

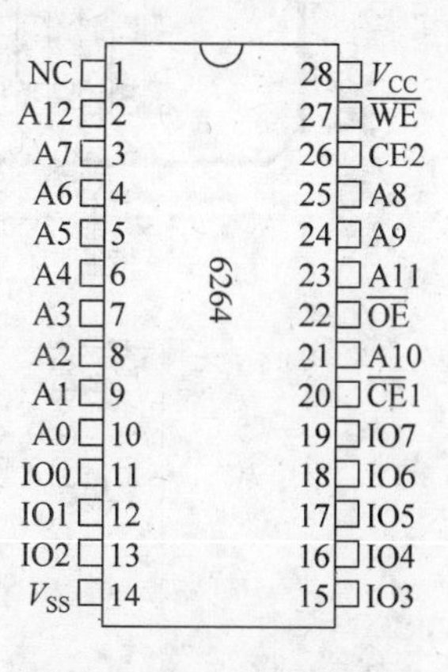

图7-6 6264引脚分配图

其引脚定义如下。

A0～A12：13位地址线。

IO0～IO7：8位数据线。

$\overline{\text{CE1}}$：片选线1，低电平有效。

$\overline{\text{CE2}}$：片选线2，高电平有效。

$\overline{\text{OE}}$：输出允许信号线，当OE=0、CE1=0、CE2=1时，单片机可以对它进行读操作。

WE：写允许信号线，当WE=0、CE1=0、CE2=1时，单片机可以对它进行写操作。

V_{CC}：电源+5V。

V_{SS}：地。

电路设计：单片机的ALE引脚与74LS373的LE相连，地址锁存由ALE控制，单片机的读写信号线RD、WE分别与存储器6264中的OE和WE相连。6264中的片选信号线CE1、CE2分别接地和V_{CC}。使用P1控制LED灯的亮灭，按钮的输入接到单片机的INT0端，使用中断方式来控制数据的输出。电路连接如图7-7所示。

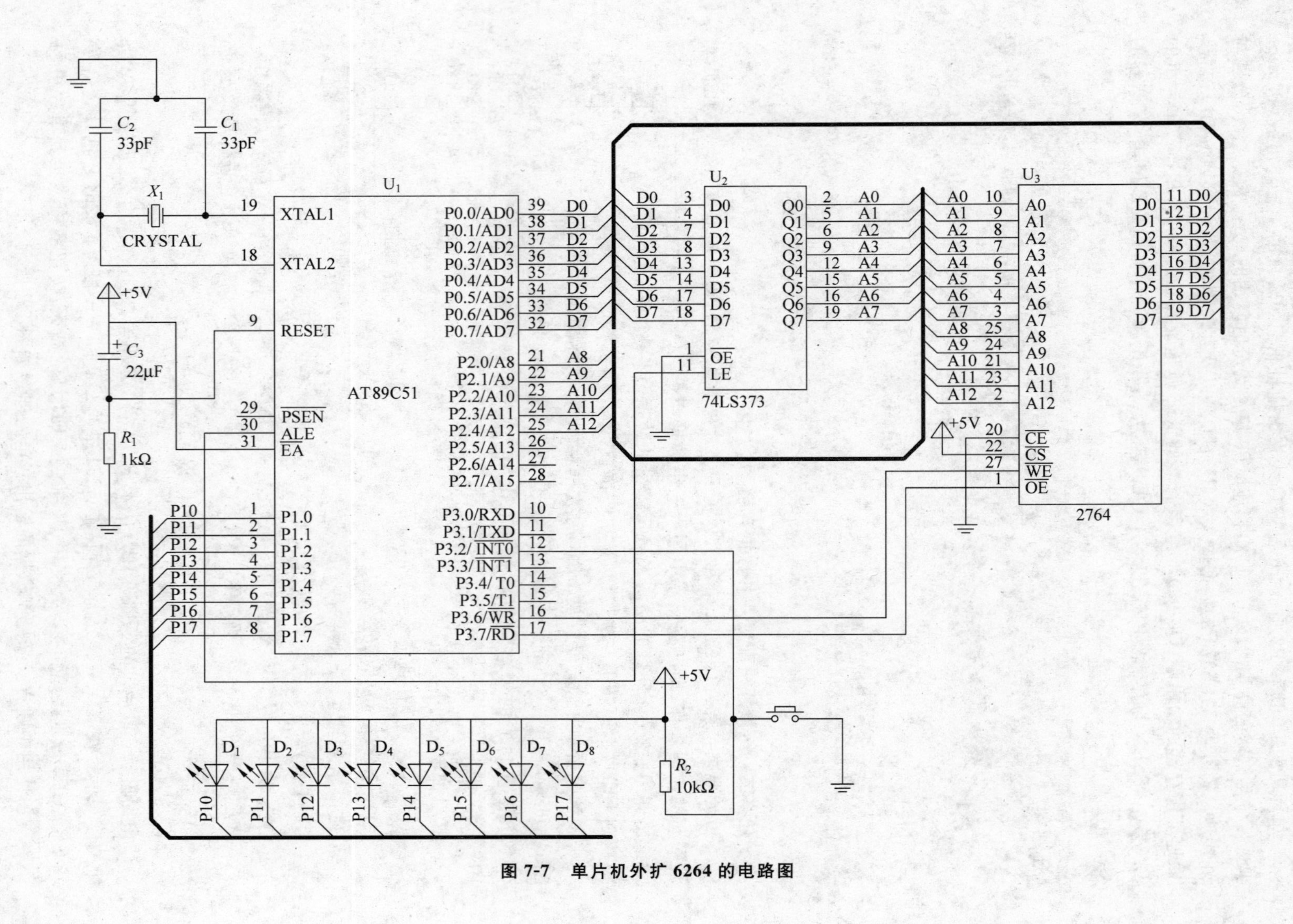

图 7-7 单片机外扩 6264 的电路图

软件设计：整个程序比较简单，为了直接访问外部数据存储器，利用 keil51 所提供的一个头文件 abscc.h 中定义的一个数组 XBYTE[index]来对外部存储器进行读写操作，整个外部扩展存储区都可以看成是一个名为 XBYTE 的字节数组，index 则是数组所定义的存储单元的偏移地址，或称数组索引。

在程序中，对存储器的数据的读写操作可以直接变成对数组的读写操作。为了保证每按下一次按钮，单片机会将读出的一个字节的数据并在 LED 上显示，使用了中断方式。每按下一次按钮，会向单片机的外部中断输入端 INT0 发送一次低电平信号，在中断响应服务函数中，将读出的数据发送到 P1 口。

源程序如下。

```
//              存储器 RAM 6264 读写程序
//              单片机 AT89C51 晶振主频：6MHz
#include <reg51.h>
#include <absacc.h>

 void Ex_Int0 (void);   // 中断响应服务函数
 unsigned int n;        // n 定义为全局变量，作为外部数据存储器的偏移地址使用

void main()
 {
  unsigned int i;
  n = 0;
  P1 = 0xff;
  EA = 1;               // 开总中断
  IT0 = 1;              // 中断下降沿触发
  EX0 = 1;              // 开外部中断 0

  for (i = 0;i < 200;i ++ )
  {
    XBYTE[i] = i + 1;   // 为外部数据存储器赋值，值为 1～200
   }
while(1);               // 等待中断
}

// 每按下一次按钮，触发一次中断
// 本函数的主要功能为：将外部数据存储器中的数据读出，并送 P1 口
void Ex_Int0 (void) interrupt 0 using 1
{
    P1 = ～XBYTE[n];    // 读数据，并发送 P1 口
    n ++ ;              // 偏移地址加 1
    if (n > 200) n = 0; // 若偏移地址超出原先赋值的范围，则回零
  return;
}
```

在 Proteus 仿真设计界面中，将电路图按图 7-7 设计好，并在单片机中将生成的 .HEX 文件加载后，单击运行按钮，可以用鼠标单击电路图中的按钮，观察 LED 的状态变化。当单击暂停按钮后，再选择菜单 Debug→Memory Contents-U3，观察存储器芯片

6264 的内容，如图 7-8 所示。

如果在菜单选项中没有出现 Memory Contents-U3 项，可以双击 6264 芯片，在出现的选项中选择 Exclude from PCB Layout 项即可。

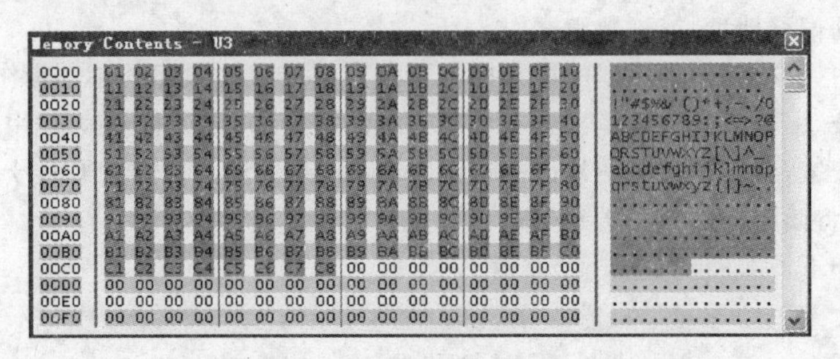

图 7-8　6264 芯片存储单元内容观察窗口

任务三：给单片机配置片外数据存储器，并且给该存储器配置固定的地址空间。

设计要求：给 AT89C51 单片机外扩一个片外数据存储器，存储器容量为 8KB，存储器地址空间为 2000H～3FFFH，其他要求同任务二。

设计分析：任务二地址编址方法比较简单，直接将存储器 6264 的两个片选信号接地或接到高电平上，这样使得整个单片机实际的地址空间只有 8K，地址总线上的高 3 位实际上无效，造成物理地址（64K）的浪费。因此采用全地址译码法，存储器的地址空间为 2000H～3FFFH，则高 3 位地址为 001。

电路设计：本任务的电路设计图基本上和图 7-7 的电路设计图相仿，只是在 6264 的片选电路方面做了一些调整，如图 7-9 所示。

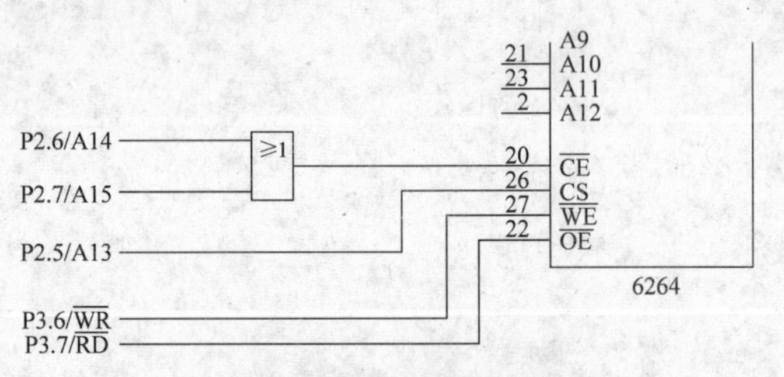

图 7-9　6264 片选电路连接图

为了保证存储器的地址为 2000H～3FFFH，将 P2.5 接存储器 6264 的 CS（高电平有效），P2.6 与 P2.7 经过一个或门后接到 6264 的 CE 端（低电平有效），这样只有在 P2.7、P2.6、P2.5 分别为 0、0、1 时，存储器方被选中。其他部分同任务二。

软件设计：只要将任务二中的源程序稍作改动就可以完成对外部存储器特定地址的读写操作。源程序如下。

```
//              固定地址空间的存储器 6264 读写程序
//              单片机 AT89C51 晶振主频：6MHz
#include <reg51.h>
```

```
#include <stdio.h>
void Ex_Int0 (void);            // 中断响应服务函数
unsigned int n;                 // n定义为全局变量,作为外部数据存储器的偏移地址使用
unsigned char  xdata * ip;
void main()
  {
  unsigned int i;
  n = 0;
  P1  =  0xff;
  EA  =  1;                     // 开总中断
  IT0  = 1;                     // 中断下降沿触发
  EX0  = 1;                     // 开外部中断0
  ip  =  0x2000;                // 定义存储器起始地址为2000H
  for (i = 0;i < 200;i ++ )
  {
     * (ip + i) = i + 1;        // 为外部数据存储器赋值,值为1～200
  }
while(1);                       // 等待中断
}

// 每按下一次按钮,触发一次中断
// 本函数的主要功能为:将外部数据存储器中的数据读出,并送P1口
void Ex_Int0 (void) interrupt 0 using 1
{
     ip  =  0x2000;             // 定义存储器起始地址为2000H
     P1  = ~  * (ip + n) ;      // 读数据,并发送P1口
     n ++ ;                     // 偏移地址加1
     if (n > 200) n =  0;       // 若偏移地址超出原先赋值的范围,则回零
   return;
}
```

和任务二的程序不同的是,程序中对6264的读写操作采用了指针方式,由于是对外部数据存储器进行操作,所以在定义指向该存储单元的指针时,要将其数据类型定义为xdata类型。实际上指向存储单元的指针就是该存储单元的地址。

7.4 RAM的掉电保护

在单片机系统工作过程中,有时会遇到突然掉电的情况,在这种情况下,保存在单片机内部数据存储器中的关键数据就会丢失。单片机中的RAM存储数据容量虽然一般不大,但往往包含系统程序运行的地址、中断和堆栈的状态、程序运行过程中产生的需要缓存的各种暂态随机数据,这些数据包含了目前系统程序的运行和工作状态及参数等重要的实时数据,一旦丢失,系统在再次加电时将无法恢复上次掉电时的工作状态。

为了保护这些数据在掉电时不会丢失,单片机系统常常采用运行状态时由电源向系统供电,而在断电状态下由电池向单片机或外部数据存储器供电的方式来保存关键数据。

然而单片机在加电或断电过程中，由于总线状态的不确定性，会导致 RAM 内部某些数据发生变化，所以对于掉电保护数据用的 RAM 存储器，除了增加电池供电外，还需要采取其他的一些措施来保护数据。

任务四：配置基本的数据保护电路。

设计要求：对单片机系统中的数据存储器 6264 实行数据保护，增加一个电池供电装置，同时在单片机系统加电或掉电时能够保证存储在数据存储器中的数据不会改变。

电路设计：单片机的基本数据保护电路如图 7-10 所示。在数据存储器 6264 的 V_{CC} 端，除了有＋5V 电源供电，还增加了电池供电电路。在＋5V 电源正常供电时，由于电池电压为 3.6V，二极管 D_2 不会导通，电池不会向存储器供电。当电源掉电后，二极管 D_2 导通，电池向存储器供电，这样可以保证存储器的数据不会丢失。

但是在＋5V 电源掉电时，由于电压下降有一个时间过程，单片机在这个过程中有可能会使写信号 WR 出现低电平，误发写信号给存储器，使得存储器存储的数据发生改变。因此仅有电池不能完全有效地保证数据安全。图 7-10 中增加了一个存储器片选信号 CE 的锁定功能。CD6066 为一个四通道的电子开关，本设计中只用到一路，其中 X 为输入端，Y 为输出端，C 为控制端。调整可调电阻 R_3，使得电源在＋4.5V 以上时，开关导通，存储器的片选信号 CE 为低电平，存储器正常工作。当电源电压低于＋4.5V 以下时，电子开关断开，CE 端信号被上拉电阻 R_1 拉起为高电平，禁止对存储器的写操作，这样，就可以保证在掉电或加电时，存储器中的数据不被破坏。

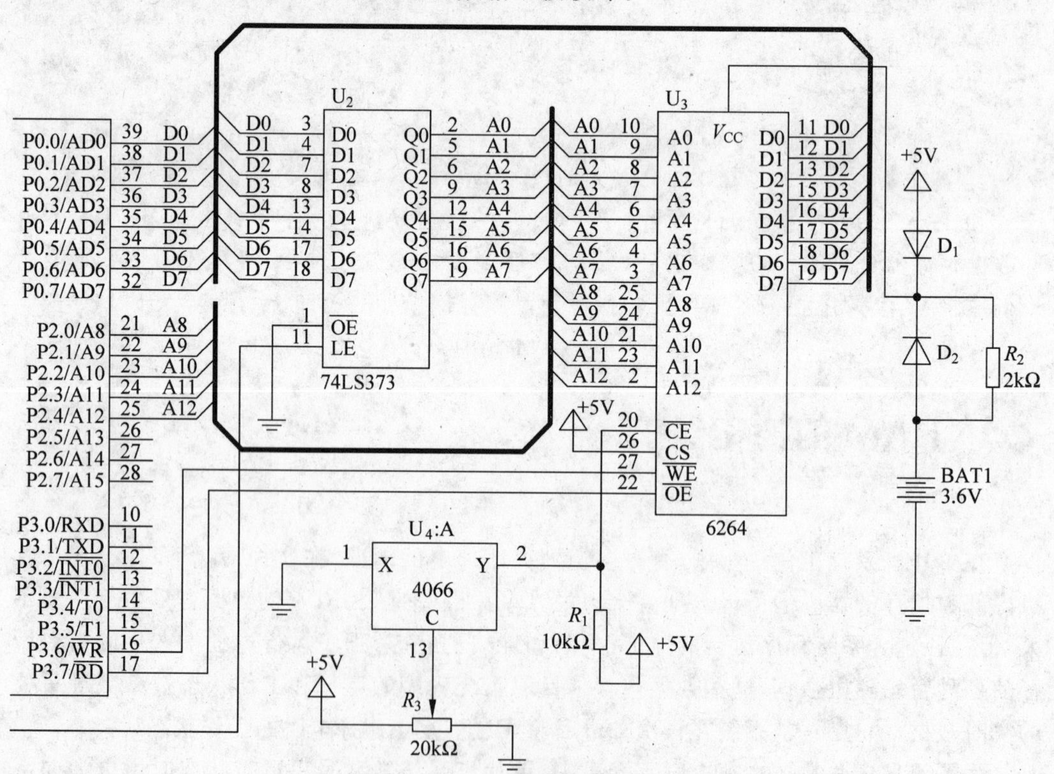

图 7-10　6264 存储器数据保护电路

任务五：采用 EEPROM 实现数据保护。

设计要求：将需要保护的数据存放在 EEPROM 中，这样即使掉电，数据也不会丢失。

设计分析：由于 EEPROM 可以在线擦除和改写，而且可以直接使用＋5V 电源，在写入新的数据的同时便自动擦除原先数据的内容，它既具有 ROM 的非易失性，又可以像 RAM 一样随机读写。这样可以将要保护的数据在单片机正常工作时写入 EEPROM 中，即使掉电数据也不会丢失，当重新加电后，只需将保存在 EEPROM 的数据读回即可实现数据保护的目的。

在本设计中，采用的存储器芯片为 EEPROM28C64，28C64 是一种 8K×8 位的 28 引脚的电可擦除可编程只读存储器(EEPROM)，其引脚图如图 7-11 所示。

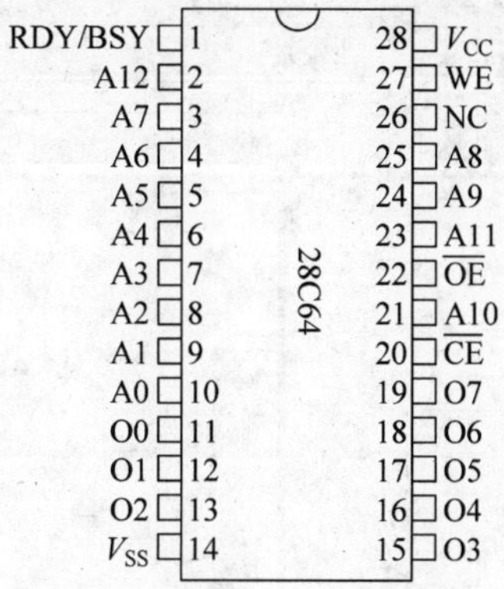

引脚	编号	28C64	编号	引脚
RDY/BSY	1		28	V_{CC}
A12	2		27	WE
A7	3		26	NC
A6	4		25	A8
A5	5		24	A9
A4	6		23	A11
A3	7		22	$\overline{OE}$
A2	8		21	A10
A1	9		20	$\overline{CE}$
A0	10		19	O7
O0	11		18	O6
O1	12		17	O5
O2	13		16	O4
V_{SS}	14		15	O3

图 7-11 28C64 引脚分配图

其引脚定义如下。

A0～A12：13 位地址线。

O0～O7：8 位数据线。

$\overline{CE}$：片选线，低电平有效。

WE：写允许线，当 WE＝0、CE＝0 时，可以对存储器进行写操作。

$\overline{OE}$：输出允许信号线，当 OE＝0、CE＝0 时，可以对它进行读操作。

V_{CC}：电源＋5V。

V_{SS}：地。

RDY/BSY：写结束输出信号，在写操作时为低电平，当写操作结束时，输出高电平指示单片机可以进行下一个数据的写入。

电路设计：具体电路设计如图 7-12 所示。

采用 28C64 的扩展电路和采用 27C64 的扩展电路基本相似。在本设计中 28C64 既能作为程序存储器使用，又能作为数据存储器使用。单片机的 PSEN 与 RD 相“与”后接到 28C64 的 OE 端，以决定单片机是从 EEPROM 中取数据还是取指令。由于要能对 28C64 进行读写操作，所以用 P1.5 和 28C64 的片选线 CE 连接，单片机的写信号线 WE 和 28C64 的 WE 连接，28C64 的写结束信号端(RDY/BSY)和单片机的 P1.0 相连，单片机在完成一次字节的写操作后，查询该引脚电平，当该引脚变为高电平时，单片机继续下一个数据的写入操作。

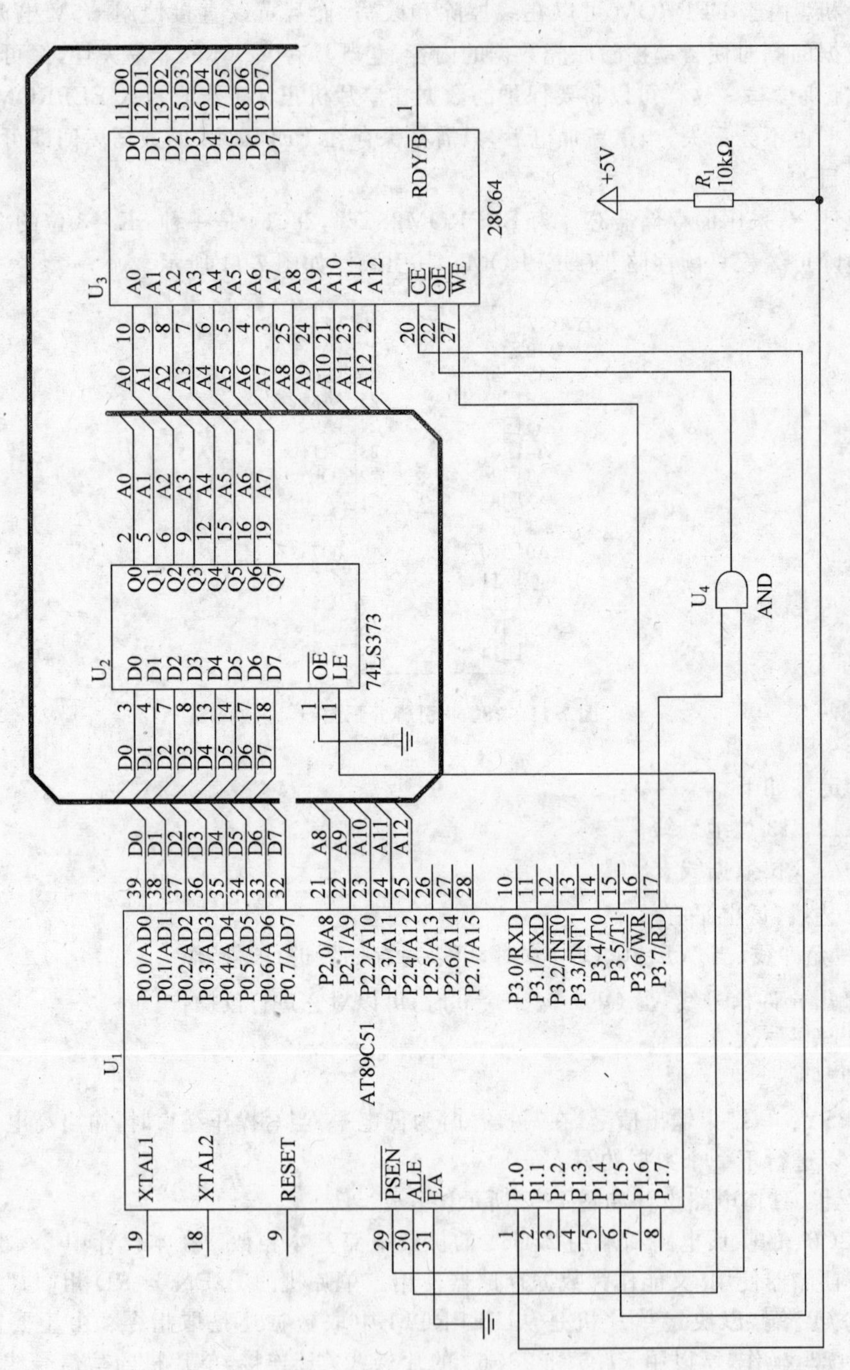

图 7-12 28C64 的电路连接图

7.5 总结

1. 存储器

存储器是用来存储程序和数据的。存储器分为磁性存储器、半导体存储器和光存储器,其中半导体存储器又称为内存,分为只读存储器 ROM 和随机存取存储器 RAM 两大类。

2. 存储器扩展

8051 系列单片机为了满足不同应用的需要,除了要使用内部存储器之外,还可以根据需要进行外部存储器扩展,外部存储器扩展是采用 P0 和 P2 口作为 16 位的地址总线。另外,P0 口还可以作为数据总线使用。

3. 总线

总线就是单片机连接各外部芯片的一组公共信号线,按其功能分为地址总线、数据总线和控制总线。在单片机中对外部存储器操作时,P0、P2 构成了 16 位地址总线,P0 又分时作为数据总线,P3 口的部分信号线作为控制总线。

4. 外部存储器扩展

当单片机内部的存储器不能满足系统工作需要时,则要在单片机外部增加存储器系统,称为外部存储器扩展。外部存储器扩展分为外部程序存储器扩展和外部数据存储器扩展两种。

5. 存储器编址

使用单片机地址总线,通过适当的连接,给存储器的每一个存储单元分配一个确定的地址,称为存储器编址。

6. 存储器片选方式

如何通过地址线来选通存储器芯片是决定存储器地址空间的关键。片选的方式有线选、全译码和局部译码 3 种方式。

思考与练习 7

1. 只读存储器和随机存储器有哪几种类型?其性能方面各有什么特点?

2. 存储器的片选方式有哪几种?各有什么特点?

3. 8051 单片机外部程序存储器和数据存储器共用 16 位地址线和 8 位数据线,为什么不会发生冲突?

4. 现要求对 8051 扩展 2 片 6264 作为片外数据存储器,分别采用片选和全译码方式,试画出电路图,说明存储器的地址分配。

5. 说明 EEPROM 的主要性能和工作方式。

6. 现要求对 8051 扩展 8 片 6264,要求使用 74LS138 译码器,试画出电路图并说明各存储器的地址分配情况。

7. 如何实现 RAM 的断电保护?

8. 编写程序实现对任务五中的 EEPROM 进行读写操作,将一组数据写入到存储器中后,读出并显示到 LED 上。

9. 利用串行的 EEPROM 来实现数据保护的功能,试选择合适的芯片,画出设计图,并编写相关的读写程序。

第 8 章

LED显示接口技术

通过本章的学习,应该掌握:

(1) 7段LED数码管的工作原理和分类

(2) 7段LED数码管的显示方式

(3) 点阵LED的工作原理

(4) 7段LED数码管、点阵LED的具体应用

8.1 LED概述

在单片机应用系统中，显示输出是一个很重要的部分。单片机应用系统需要将检测的信息、运算的结果、中间的状态实时地显示出来，便于使用者掌握系统的运行情况，并能及时进行处理。在单片机中最常用的显示部件是发光二极管(Light Emitting Diode，LED)显示设备，通常LED显示设备主要有单LED、7段LED数码管和点阵LED三种形式。

在前几章中对单LED进行了介绍和使用，在本章中，主要对7段数码管以及点阵LED进行介绍。

8.2 7段LED数码管显示接口技术

8.2.1 7段LED数码管

单片机应用系统中使用最多的是7段LED数码管，这种显示模块可以分为共阴极和共阳极两种。

1. 共阳极7段LED数码管

共阳极7段LED数码管的引脚分配如图8-1所示，其内部结构如图8-2所示。从图8-2中可以看出7段LED数码管由8个发光二极管组成，其中7个发光二极管构成字形“8”，另一个发光二极管构成小数点。因此，这种数码管有时也称为8段数码管显示器。

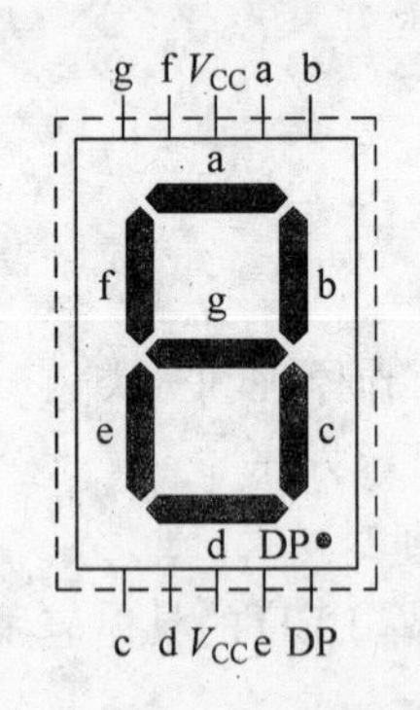

图8-1 7段LED引脚分配图

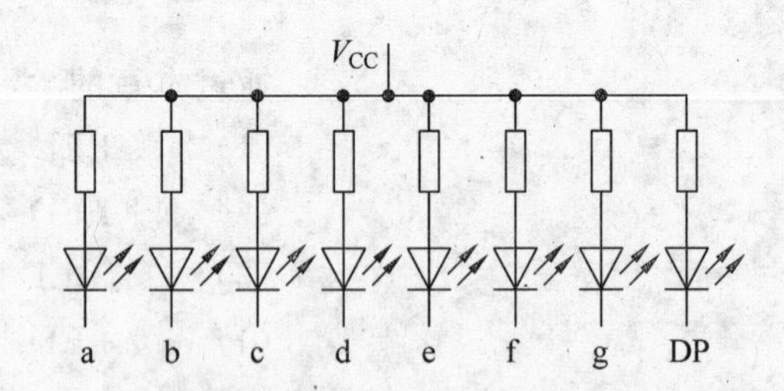

图8-2 7段LED内部结构图

共阳极LED显示器的发光二极管的阳极称为公共端，接+5V；当某个发光二极管的阴极为低电平的时候，发光二极管导通，该字段发光；反之，如果某个发光二极管的阴极为高电平的时候，发光二极管截止，该字段不发光。

由于7段LED加上小数点DP，共有8个发光二极管，正好组合成一个8位的字节。

这使得和单片机的接口十分方便，可以直接将 8 位字段接到单片机的 8 位并行 I/O 端口上，通过从单片机并行口输出数据控制字段的亮灭来显示不同的数据和字符等。

2. 共阴极 7 段 LED

共阴极 7 段 LED 数码管的引脚配置如图 8-3 所示，其内部结构如图 8-4 所示。从图中可以看出 7 段 LED 数码管同样由 8 个发光二极管组成，其中 7 个发光二极管构成和共阳极 7 段 LED 一样，形成一个“8”的字形。共阴极 LED 显示器的发光二极管的阴极称为公共端，接地；当某个发光二极管的阳极为高电平的时候，发光二极管导通，该字段发光；反之，如果某个发光二极管的阳极为低电平的时候，发光二极管截止，该字段不发光。

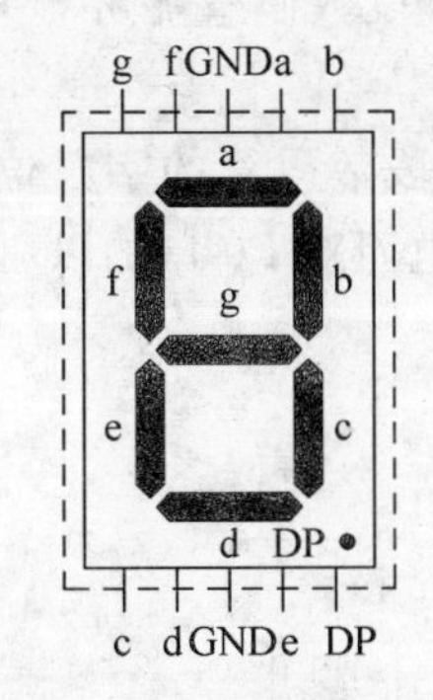

图 8-3　7 段 LED 引脚分配图

图 8-4　7 段 LED 内部结构图

当将 7 段 LED 的字段位 a～g 和单片机并行端口的数据位 D0～D6 对应起来时，7 段 LED 数码管显示字符和单片机并行口输出数据的关系见表 8-1。

表 8-1　7 段 LED 显示字符码表

显示字形	字段码(共阳极)	字段码(共阴极)	显示字形	字段码(共阳极)	字段码(共阴极)
0	C0H	3FH	9	90H	6FH
1	F9H	06H	A	88H	77H
2	A4H	5BH	B	83H	7CH
3	B0H	4FH	C	C6H	39H
4	99H	66H	D	A1H	5EH
5	92H	6DH	E	86H	79H
6	82H	7DH	F	8EH	71H
7	F8H	07H	全灭	FFH	00H
8	80H	7FH	全亮	00H	FFH

在单片机应用系统中，使用 7 段 LED 数码管的方式一般有两种：静态显示和动态扫描显示。

8.2.2　静态显示接口技术

静态显示就是每一个 7 段 LED 显示器的每一个字段都要独占具有锁存功能的输出

口线,CPU 把要显示字符的字段码送到输出口上,就可以使显示器显示出所需的字符。由于单片机的输出口具有锁存功能,一旦字段码送出后,7 段 LED 显示的内容就会一直维持,直到单片机送出下一个字段码为止。

LED 静态显示方式的优点是接口电路简单,只需将显示字符相应的字段码发送到 LED,并在端口保持即可;静态显示字符时,只需较小的启动电流便可以获得较高的显示亮度。但静态显示也有缺点,主要是占用的 I/O 口线较多、硬件成本也较高,所以静态显示法常用在数码管数目较少的应用系统中。

任务一:单数码管静态显示。

设计要求:采用静态显示方式,使单片机系统中一个 7 段数码管循环显示 0~9 的数字。

设计分析:由于只使用一只数码管,所以只要将这个 7 段数码管的字段位和单片机的 P0 口直接连接,同时由于使用的是 P0 口,所以需要上拉电阻对 P0 口加以驱动。

电路设计:具体电路设计如图 8-5 所示。

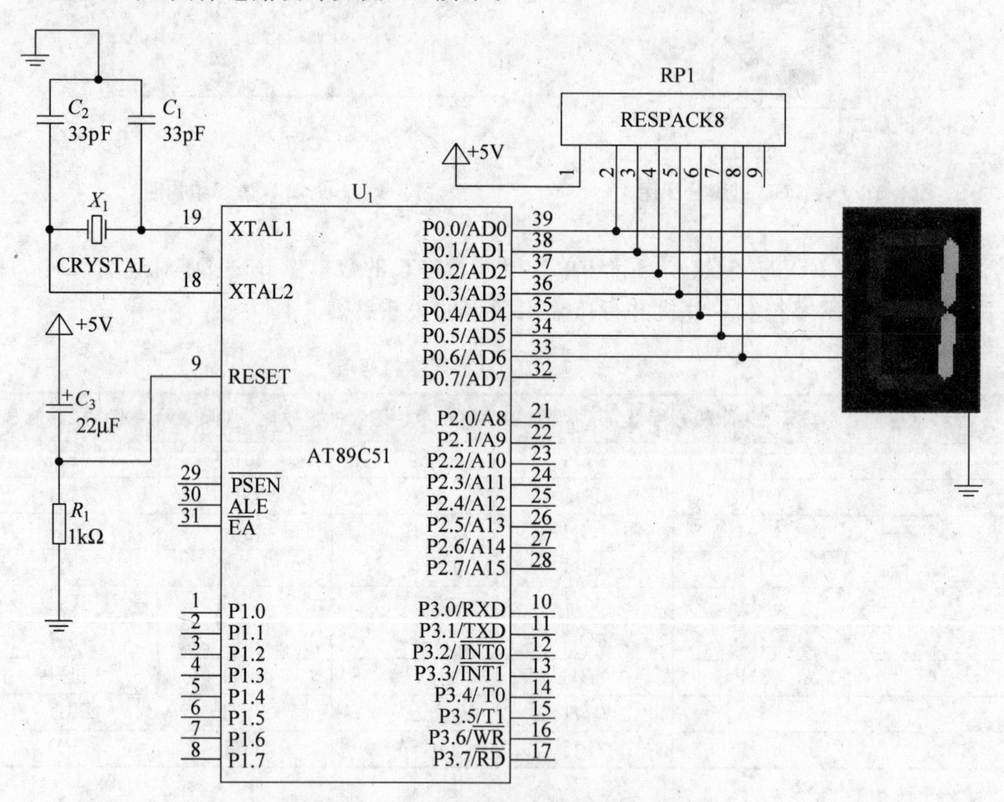

图 8-5 单个 7 段数码管静态显示连接图

软件设计:在程序开始处,首先要定义一个 0~9 的共阴极 7 段数码管显示字段码表,该码表的数据存储类型为 code,在程序存储器中存储该表数据。

程序比较简单,在主函数中,依次从字段码表中取出 0~9 的字段码,送到 P0 口,同时使每个字的显示时间维持一段时间。

源程序如下。

```
//          单个7段LED数码管静态显示程序
//          单片机晶振主频为6MHz

#include <reg51.h>
//定义共阴极7段数码管0～9的字段码表
unsigned char code Table[] = {0x3f,0x06,0x5b,0x4f,0x66,0x6d,0x7d,0x07,0x7f,0x6f};
void Delay( int Times );          //定义一个延时子程序,单位为ms

void main()
  {
    unsigned char i;
    P0 = 0x00;
    while(1)
    {
      if(i >= 10) i = 0;          //要显示的字若超过9,则回零
      else i ++ ;
      P0 = Table[i];              //从字段码表中取字段码,并送显示
      Delay(500);                 //每一个字显示0.5s
    }
  }
//延时子程序
void Delay(int Time_ms)
{
   int i;
   unsigned char j;

   for(i = 0;i < Time_ms;i ++ )
   {
       for(j = 0;j < 150;j ++ )
         {
         }
   }
}
```

任务二：多个数码管静态显示。

设计要求：采用静态显示方式,使单片机系统中4个7段数码管显示出0～3的数字。

设计分析：在前面已经说过,7段数码管采取静态显示方式时,每个数码管都要占用一个并行端口。由于单片机的并行端口数目有限,所以当系统需要较多的数码管时,可以采用以串行口扩展并行口的方式(如第6章的任务一)。

在本设计中使用能实现串并转换功能的移位寄存器74LS164,将要显示的字段码通过串行方式发送给移位寄存器74LS164,每一个74LS164的并行输出端接一个数码管,同时每个74LS164并行输出的最高位接下一个74LS164的串行数据输入端,这样当4个字段码全部按位依次送出后,在4个74LS164上会出现稳定的字段码。这种方式可以实现多个数码管静态显示。

电路设计：具体电路设计如图8-6所示。

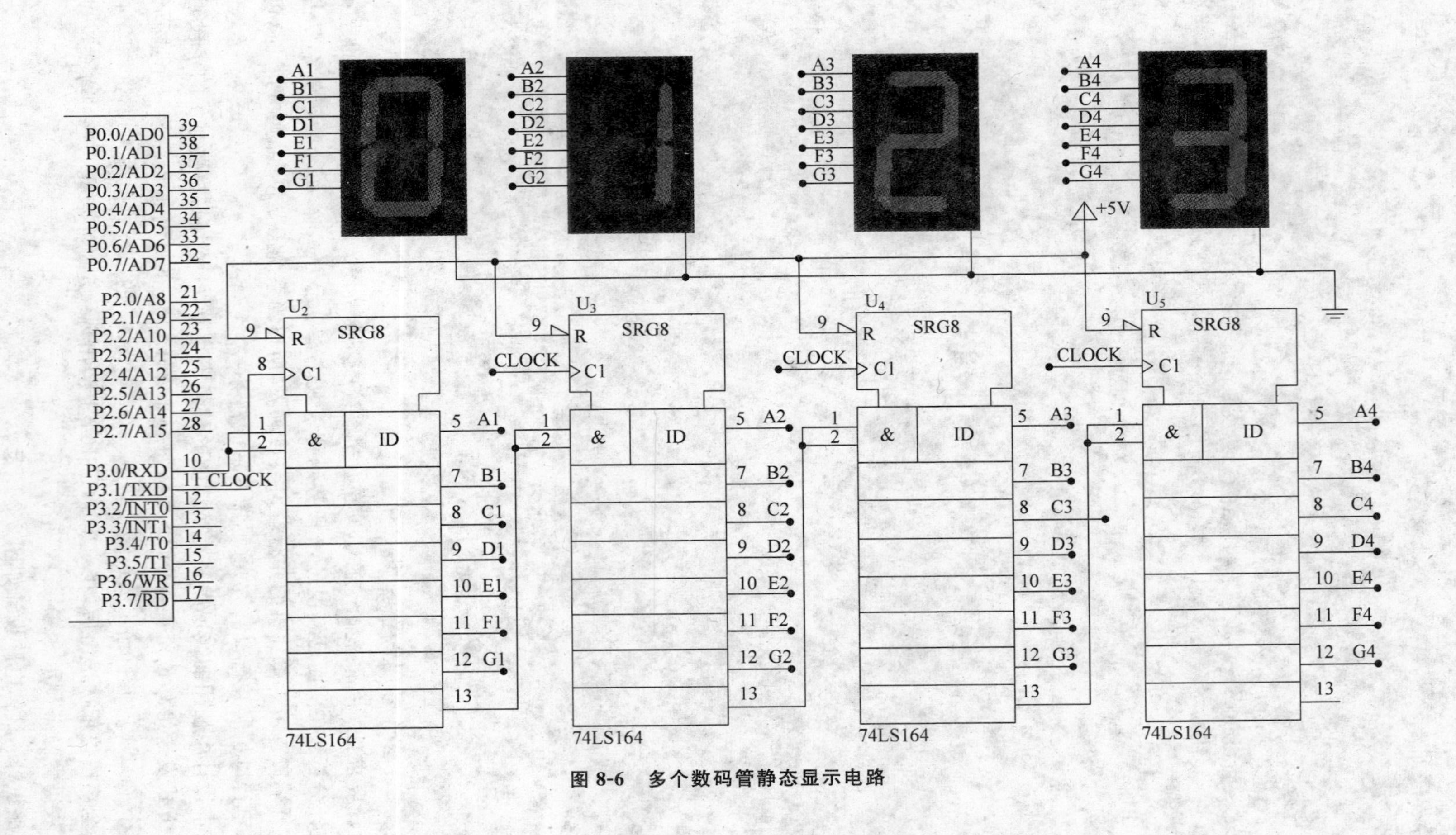

图 8-6 多个数码管静态显示电路

单片机的P3.0作为数据发送端接第一个74LS164的数据输入端(引脚1、2并联),P3.1接74LS164的时钟输入端(引脚8),74LS164的清除端(引脚9)全部接高电平,每一个74LS164的数据输出接一个7段数码管的字段码输入端。在Proteus原理图绘图时,为了避免连接图混乱,使用标号来表明器件引脚之间的连接,同一个标号表明彼此之间有电气连接,这是在绘制较复杂的电路图时常用的一种方式。

软件设计:在程序设计中,采用P3.1作为移位脉冲信号的输入端,每向数据端P3.0发送一位数据,就使P3.1的电平高低变化一次,这样可以保证将数据移至移位寄存器中。

源程序如下。

```
//                    多个数码管静态显示程序
//                    单片机晶振主频为6MHz

#include <reg51.h>
#include <mytest.h>
  //定义共阴极7段数码管0~9的字段码表
unsigned char code Table[] = { 0x3f,0x06,0x5b,0x4f,0x66,0x6d,0x7d,0x07,0x7f,0x6f};

void Delay( int Times );                //延时子程序声明
void Display();                         //显示子程序声明

void main()
  {
   P0 = 0x00;
    while(1)
    {
      Display();                        //显示0~9数字
      Delay(400);                       //延时
    }
  }

//延时子程序
void Delay(int Time_ms)
{
   int i;
   unsigned char j;

   for(i = 0;i < Time_ms;i ++ )
     {
      for(j = 0;j < 150;j ++ )
        {
         }
      }

}
//显示子程序,显示4个数据
void Display()
```

```
{
    unsigned char i,j,Code_d;

    for (i = 0;i < 4;i ++ )           // 将0~3字符的字段码送移位寄存器
    {
      Code_d = Table[3 - i];          // 取相应的字段码
      for (j = 0;j < 8;j ++ )
      {
        Code_d = Code_d << 1;         // 将字段码从高位到低位依次移位到进位
        P3_0 = CY ;                   // 数据输出
        P3_1 = 1 ;                    // 使P3.0产生一个脉冲
        P3_1 = 0;
      }
    }
    P3_1 = 0;
    return ;
}
```

在程序中可以根据单片机的主频以及7段数码管的参数的不同,修改延时的时间参数,以达到更好的效果。

8.2.3 动态扫描显示接口技术

动态扫描显示是单片机应用系统中最常用的显示方式之一,它是把所有7段数码管的各字段同名端相互并接在一起,并把它们接到单片机的字段输出口上。为了防止各个数码管同时显示出相同的数字,由一组信号来控制各个数码管的公共端。这样,对于一组7段数码管显示器需要由两组信号来控制;一组是字段输出口输出的字形代码,用来控制显示的字形,称为字段码;另一组是位输出口输出的控制信号,用来控制第几位显示器工作,称为字位码。

在这两组信号的控制下,可以一位一位地轮流点亮各个显示器使其显示各自的数码,从而实现动态扫描显示。在轮流点亮一遍的过程中,每位显示器点亮的时间是极为短暂的(1~5ms)。由于LED具有余辉特性以及人眼视觉的暂留性,尽管各位数码管实际上只有一位显示,但只要适当调整好各数码管的显示时间,给人眼的视觉印象就会是在连续稳定地显示,并察觉不到有闪烁现象。

动态扫描显示中各个数码管的字段线是并联使用的,因而大大简化了硬件线路。

任务三:多个数码管动态扫描显示。

设计要求:采用动态扫描显示方式,使单片机系统中4个7段数码管显示出0~3的数字。

设计分析:数码管采用4合一的共阴极7段数码管,数码管上的a~g为4个数码管的共有的字段同名端。使用单片机的P0口作为7段数码管的字段码输出口,使用P2口的高4位来控制数码管的亮灭,低电平亮,高电平灭。

电路设计:具体电路设计如图8-7所示。

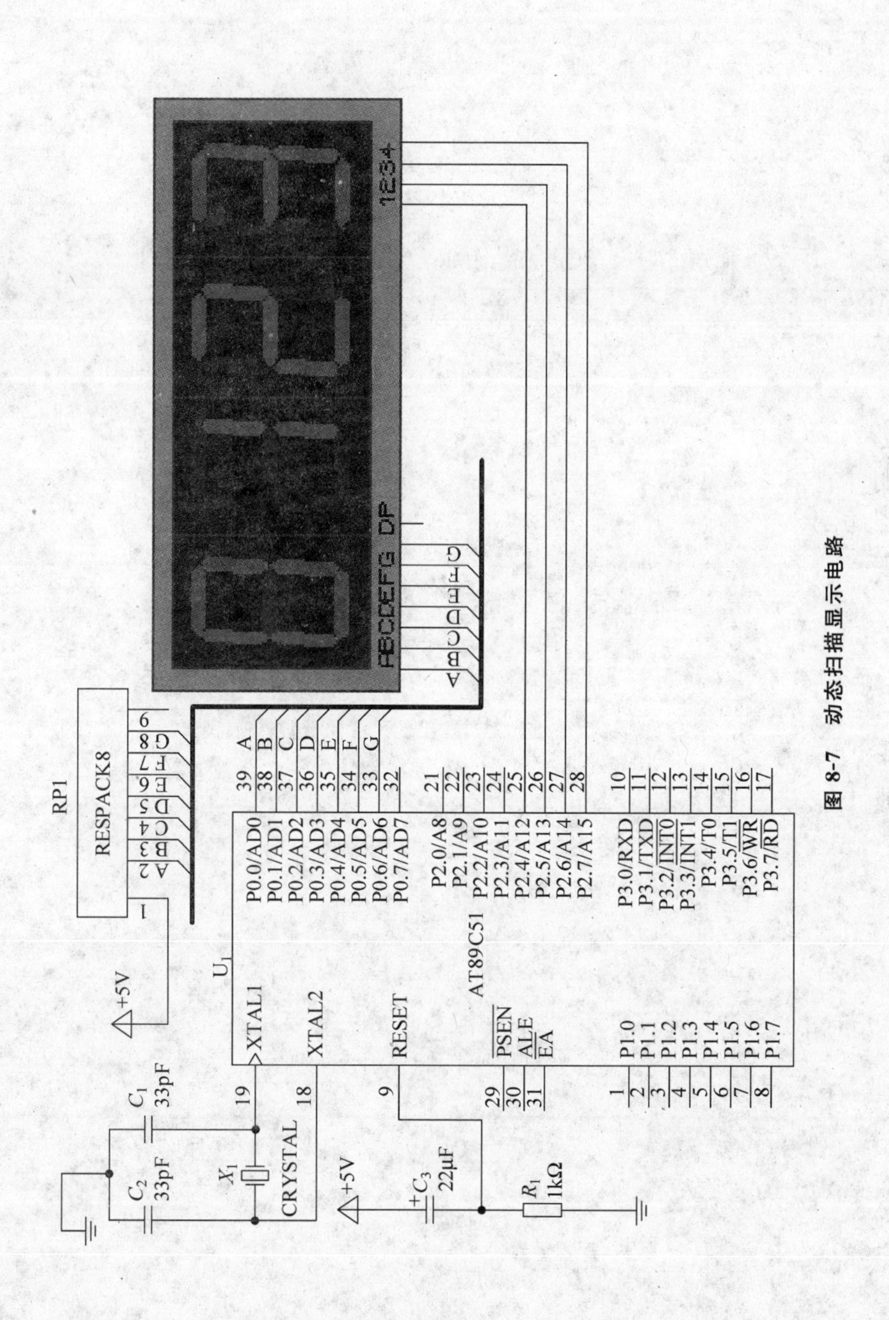

图 8-7 动态扫描显示电路

软件设计：程序设计相对比较简单，在任何一个时刻，P2.4～P2.7只能有一位为低电平，每一个数码管的显示时间不要太长，不然显示会断续，影响显示效果。

源程序如下。

```
//                         动态扫描显示程序
//                       单片机晶振主频为6MHz
#include <reg51.h>
#include <mytest.h>
//定义共阴极7段数码管0～9的字段码表
 unsigned char code Table[] = {0x3f,0x06,0x5b,0x4f,0x66,0x6d,0x7d,0x07,0x7f,0x6f};

 void Delay( int Times );        //延时子程序声明
 void Display();                 //显示子程序声明

 void main()
  {
    P0 = 0x00;
    P2 = 0xff;                   //4个数码管均不亮
    while(1)
    {
      Display();                 //调用显示子程序
      Delay(20);                 //每个字符显示20ms
    }
  }
//延时子程序
void Delay(int Time_ms)
{
   int i;
   unsigned char j;

   for(i=0;i<Time_ms;i++)
     {
       for(j=0;j<150;j++)
         {
         }
     }
  }
//显示子程序
void Display()
{
    unsigned char i,Slc;
    Slc = 0xef;                  //选通第一个数码管

    for (i=0;i<4;i++)
    {
      P0 = Table[i];             //取显示字段码
      P2 = Slc;                  //选通数码管
      Slc = Slc<<1;              //选通信号移位，选通下一个数码管
```

```
        Delay(35);                      // 延时
    }
return ;
}
```

8.3 点阵 LED 显示接口技术

点阵 LED 显示器通常由 8 行×8 列共 64 个 LED 组成，外观如图 8-8 所示，其内部有 8 根行线和 8 根列线，在每一个行列交接处都有一个 LED。共阳极的点阵 LED 的正极接行线，负极接列线，如图 8-9 所示。64 个 LED 的亮灭，可以显示出各种字母、数字和一些特定符号，可以将多片 8×8 点阵 LED 显示器组合成大屏幕的 LED 显示屏，用来显示汉字、图形，常用作广告屏使用。

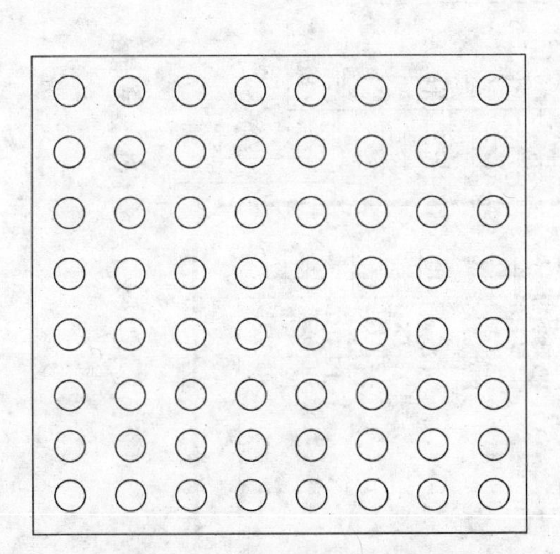

图 8-8 8×8 点阵 LED 外观图

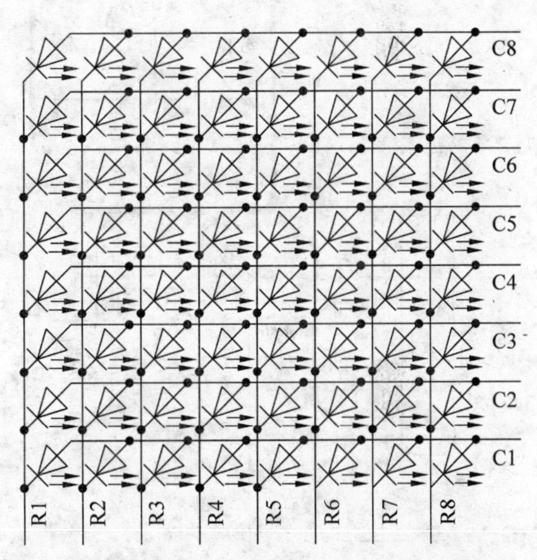

图 8-9 8×8 点阵 LED 内部结构示意图

对于 8×8 点阵 LED 的使用比较简单，只需向点阵 LED 的行线发出 8 位显示码，再选择相应的列线，则在该列上会显示出一列的 LED 状态。如此依次发送不同行的数据，采用列扫描显示的方式，利用 LED 灯的余辉特性和人眼的暂留性，点阵 LED 显示器上就会显示出所需要的图形。

任务四：点阵 LED 显示。

设计要求：使用一片 8×8 点阵 LED，使之能循环显示数字 0～9。

设计分析：使用单片机的 P1、P0 口向点阵 LED 提供显示数据和列选通信号。每行的显示数据由单片机的 P1 口经过 74LS245 驱动后发送给点阵 LED，列线由单片机的 P0 口经过非门后得到。

电路设计：具体电路设计如图 8-10 所示。

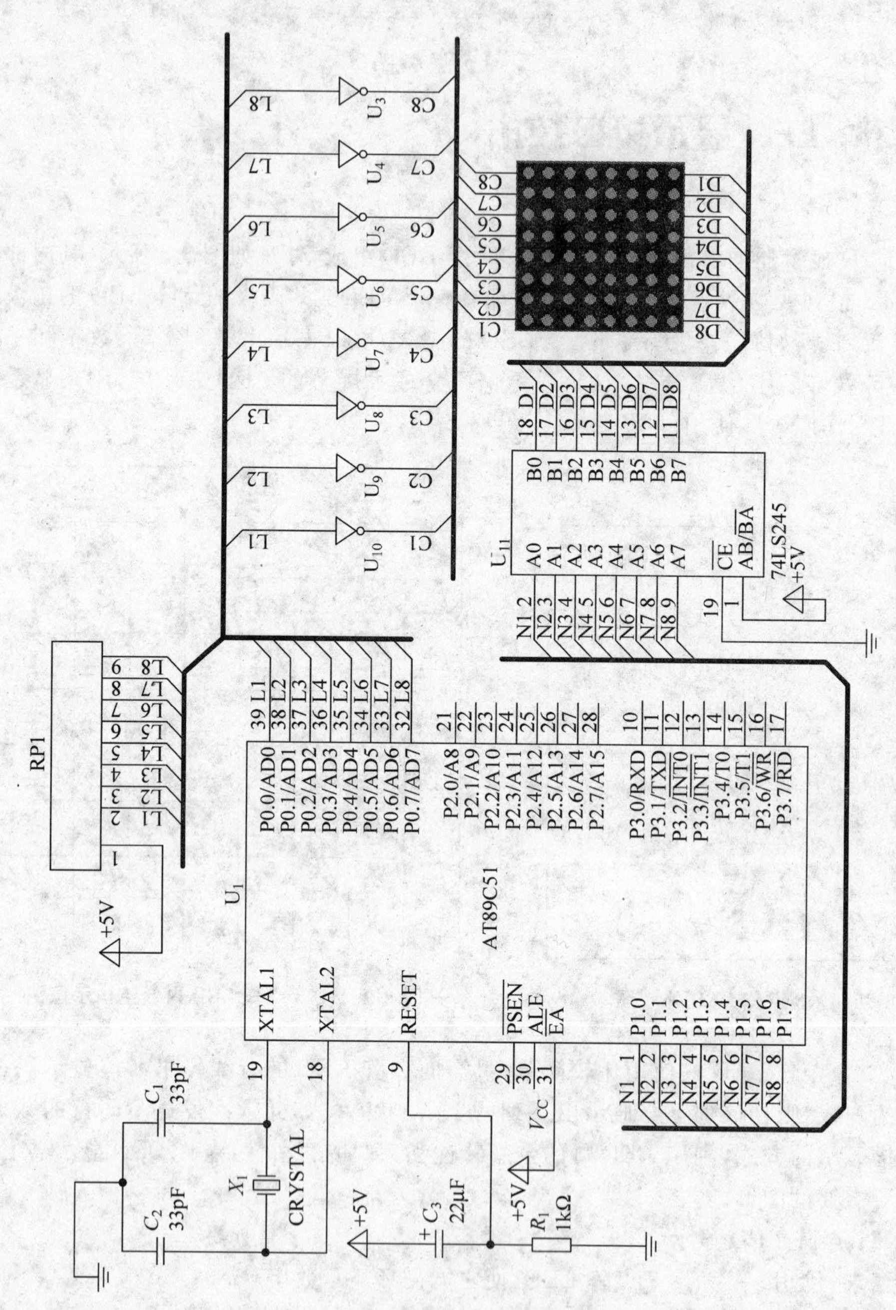

图 8-10 8×8 点阵 LED 显示电路图

软件设计：首先要建立数字0～9的8×8的点阵字模，本设计采用的是共阴极的点阵LED模块，所以行代码为显示数据码，“1”为表示亮，“0”不亮。每一个数字由8个字节的数据表示，如数字“0”的字模数据为：(0x00,0x1c,0x22,0x22,0x22,0x22,0x22,0x1c)。8×8的字模数据可以通过字模生成软件得到，也可以在一个8×8的方格中自己设计字形后逐行得到。

点阵LED的显示方式是逐行扫描显示的方式。首先将数字“0”的第一行显示码“0x00”发送到P1端口，再发送第一行的选通信号P0.0，该信号经过非门后为低电平，使得点阵LED显示第一行的信息，经过一定时间延时后，再发送数字“0”的第二行显示码“0x1c”，同样再发送第二行的选通信号，依次进行，当数字“0”的8行显示完毕后，则显示数字“1”，如此循环执行。

每一次行显示的延时时间由定时中断来实现，每一次定时中断请求到来，则在中断服务函数中实现一行的显示。在本设计中，单片机的晶振采用6MHz，定时器采用方式1，定时时间为5ms，所以时间常数为F63CH。

源程序如下。

程序中，全局变量i代表要显示数字的第几行，num为要显示第几个数字，k为每一个数字显示的时间量，Scl为行选通信号值。

```
//                                    8×8点阵LED显示程序
//                                    单片机晶振主频6MHz
#include <reg51.h>
#include <intrins.h>
//建立数字0～9的点阵字模表
unsigned char  code  Table[] =
  {
    0x00,0x1c,0x22,0x22,0x22,0x22,0x22,0x1c,     //0
    0x00,0x08,0x18,0x08,0x08,0x08,0x08,0x1c,     //1
    0x00,0x1c,0x22,0x02,0x04,0x08,0x10,0x3e,     //2
    0x00,0x1c,0x22,0x02,0x1c,0x02,0x22,0x1c,     //3
    0x00,0x04,0x0c,0x14,0x3e,0x04,0x04,0x04,     //4
    0x00,0x3e,0x20,0x3c,0x02,0x02,0x22,0x1c,     //5
    0x00,0x1c,0x22,0x20,0x3c,0x22,0x22,0x1c,     //6
    0x00,0x3e,0x02,0x04,0x04,0x04,0x04,0x04,     //7
    0x00,0x1c,0x22,0x22,0x1c,0x22,0x22,0x1c,     //8
    0x00,0x1c,0x22,0x22,0x1e,0x02,0x22,0x1c      //9
  };

unsigned char  i,k, num;              //定义i为字模行号,k为显示时间,num为字号
unsigned char  Scl;                   //行选通信号
void main()
{
  Scl = 0x01;                         //显示从第一行开始
  num = 0;                            //第一个显示的数字为0
  i =0;
  k = 0;
  TMOD = 0x01;                        //定义定时器T处于定时器方式1下
```

```
    TH0 = 0xf6;                   // 设置时间常数
    TL0 = 0x3c;
    TR0 = 1;                      // 启动定时器 T0
    EA  = 1;                      // 总中断允许
    ET0 = 1;                      // 定时器 T0 中断允许
    while(1);                     // 等待定时中断
}
// 定时器 T0 中断服务函数,每 5ms 产生一次中断请求
// 本函数主要功能为点阵 LED 扫描显示
void LED_Display() interrupt 1
{
    unsigned char j;
    TH0 = 0xc1;                   // 重新装入时间常数
    TL0 = 0x10;
    P1 = Table[num * 8 + i];      // 向 P1 发送行显示码
    if( ++ i == 8) i = 0;         // 若为每个数字的最后一行,行计数值回零
    if( ++ k == 250)              // 定义每一个数字的显示时间
    {
      k = 0x00;
      if( ++ num == 10) num = 0;  // 如果显示的是最后一个数字,数字计数值回零
    }
    P0 = Scl;                     // 发出选通行信号
    Scl = Scl << 1;               // 选择下一行
    j ++ ;
    if(j == 8)                    // 如果是最后一行,回到第一行
    {
       Scl = 0x01;
       j = 0;
    }
}
```

8.4 总结

1. LED

发光二极管有单 LED、7 段 LED 数码管和点阵 LED 三种。

2. 字段码、字位码

单片机发给 7 段 LED 数码管用于显示字符字形的显示码称为字段码；单片机通过 I/O 口发出给数码管的共阳极或共阴极、用于决定数码管哪一个或哪几个点亮的控制信号为字位码。

3. 共阴极、共阳极

将数码管显示器中各段的阳极连在一起的叫共阳极数码管,反之将各段的阴极连在一起的叫共阴极数码管。

4. 静态显示方式

静态显示时，每一位都需要一个8位输出口控制，恒定地显示字符，可得到较高的显示亮度，但所需的I/O口线太多，开销太大。

5. 动态扫描显示方式

动态显示就是一位一位地轮流点亮数码管显示的各位，对于每一个显示器而言，每隔一段时间点亮一次。虽然在同一时刻只有一位显示器点亮，但利用人眼的视觉暂留效果和LED灯的余晖效应，看到的却是多个字符同时显示。

6. 点阵LED

由多个LED组成的5×7或8×8阵列形式的LED，可以拼装成任意尺寸的显示屏，主要用于显示字符和图形。

思考与练习8

1. 在设计任务四的电路基础上，编写程序使点阵LED显示一个不断向左移动的箭头。

2. 设计一个6位的数码管显示电路，并编写程序使之能显示“HELLO”。要求采用静态显示和动态扫描显示两种方式来分别实现。画出电路设计图、写出程序并在Proteus上实现仿真。

3. 设计一个8×16点阵LED显示屏，同时显示2个数字，并且这2个数字能同时闪烁，闪烁间隔时间为1s。画出电路设计图、写出程序并在Proteus上实现仿真。

第9章

键盘接口技术

学习目标

通过本章的学习，应该掌握：

(1) 键盘的分类和工作原理

(2) 非编码式键盘键码识别方法

(3) 键盘接口技术的具体应用

9.1 键盘概述

键盘实际上就是按键的组合，它是单片机系统中不可缺少的输入设备，是实现人机对话的主要途径。

微机所用的键盘通常分为编码式键盘和非编码式键盘两种。编码式键盘使用硬件方法来实现键盘编码，每按下一个按键，键盘能自动生成按键代码（又称键码），这种键盘使用简单，但硬件电路较复杂。非编码式键盘则用软件来识别按键，产生相应的键码。由于非编码式键盘结构简单、成本低廉，在单片机中使用的基本都是非编码式键盘。非编码式键盘的类型很多，常用的有独立式键盘、行列式键盘。

9.2 按键去抖技术

在使用键盘时，首先要处理的一个问题就是按键去抖。目前的键盘按键均为机械式接触点，由于触点的机械弹性效应，在按键闭合和断开的时候，接触点的电压并不是立即变化，而是会出现抖动，如图 9-1 所示。根据按键的不同机械特性，抖动的时间长短不等，大致为 5～10ms。

单片机的执行速度很快，如果处理不当，就有可能一次按键操作被执行很多次。所以当按下键时，要进行按键去抖处理。为了去除按键的抖动，并且保证单片机对键盘按键的一次输入仅响应一次，可以采用硬件去抖和软件去抖两种方式。

图 9-2 给出了一个常用的硬件去抖电路，按键初始位置为 A，按下时为 B。图中两个与非门构成一个 RS 触发器，当按键未按下时，输出为“1”；当键按下时，输出为“0”。此时即使按键的机械性能使按键因弹性抖动而产生瞬时断开（抖动跳开 B），只要按键不返回原始状态 A，双稳态电路的状态不改变，输出保持为“0”，不会产生抖动的波形。也就是说，即使 B 点的电压波形是抖动的，经双稳态电路之后，其输出为正规的矩形波。一般来讲，由于每一个按键都需要一个硬件去抖电路，所以这种方法常常用于按键数比较少的场合。

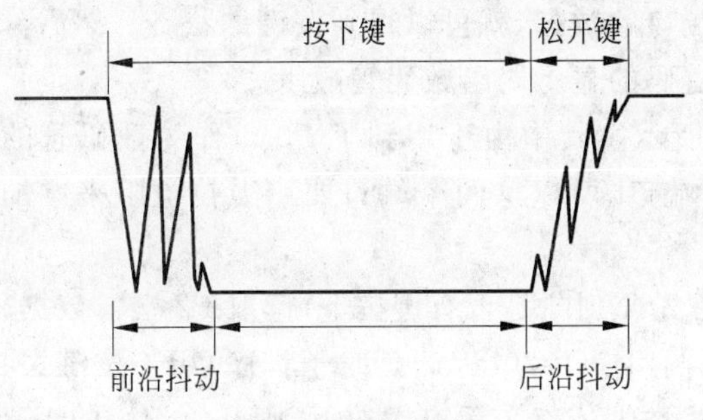

图 9-1　按键抖动

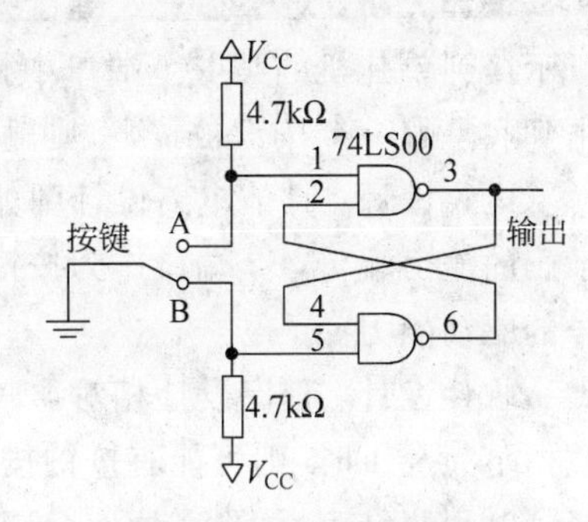

图 9-2　硬件去抖电路

单片机系统中当按键数量比较多时，一般采用软件去抖的方法。

软件去抖的方式是：当程序检测到有键按下时，执行一个 10～20ms 的延时子程序，然后再检测一次，看该键是否仍然闭合，如果仍然闭合则可以确定有键按下，从而可以消除抖动的影响。

9.3 独立式键盘及其接口技术

独立式键盘是指将每一个按键以一对一的方式直接连接到 I/O 输入线上所构成的键盘，如图 9-3 所示。

在图 9-3 中，键盘接口中使用线与键盘中按键的数目相同。键盘接口使用了 8 根 I/O 线，该键盘就有 8 个按键。这种类型的键盘，键盘按键的数量比较少，且键盘中各个按键工作时互不干扰。因此，用户可以根据实际需要对键盘中的按键灵活编码。最简单的编码方式就是根据 I/O 输入口所直接反映的相应按键按下的状态进行编码，称为按键直接状态码，假如图中的 K0 键被按下，则 P1 口的输入状态是 11111110，K0 键的直接状态码就是 FEH。对于这样编码的独立式键盘，CPU 可以通过直接读取 I/O 口的状态来获取按键的直接状态编码，并根据这个值直接进行按键识别。这种形式的键盘结构简单，按键识别容易。

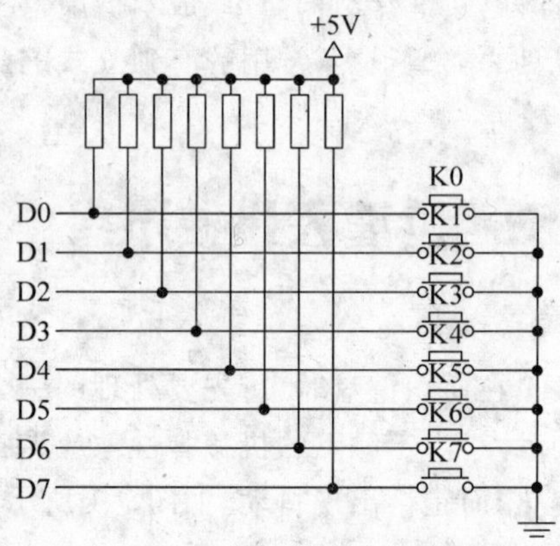

图 9-3 独立式键盘接口电路

独立式键盘的缺点是需要占用较多的 I/O 口线。当单片机应用系统键盘中需要的按键比较少或 I/O 口线比较富余时，可以采用这种类型的键盘。

任务一：独立式键盘键号显示。

设计要求：有 8 个按键组成一个独立式键盘，要求用一个 7 段 LED 数码管来显示按键的键码，当某一个按键按下时，在数码管上显示出相应按键的键码，按键释放时，则不显示任何数字。

设计分析：对于独立式键盘按键的识别是比较简单的，只需要将按键按照如图 9-3 所示接到单片机的某一个端口中，读取该端口的数据，就可以得到按键的状态。然后分析出到底是哪一个按键被按下，则输出相应键码的显示码给数码管显示。

电路设计：具体电路设计图如图 9-4 所示。其中由于用到了 P0 口作为数码管的显示码的输出端口，P2 端口作为按键的输入端口，所以这两个端口要用上拉电阻来增加信号的驱动能力。

软件设计：程序设计相对比较简单，首先要判断是否有键按下，读取 P2 端口数据，当数据不为全 1 时，则可能有按键按下，然后调用一个 20ms 的延时子程序，用于按键去抖。当延时程序结束后，再次读取 P2 口数据，当数据依然表示有键按下，则开始键码的识别。

程序中采用 switch-case 语句来判断到底是哪一个按键被按下,并做相应的处理。需要注意的是:如果同时按下了几个键,程序则认为是误操作,不显示。

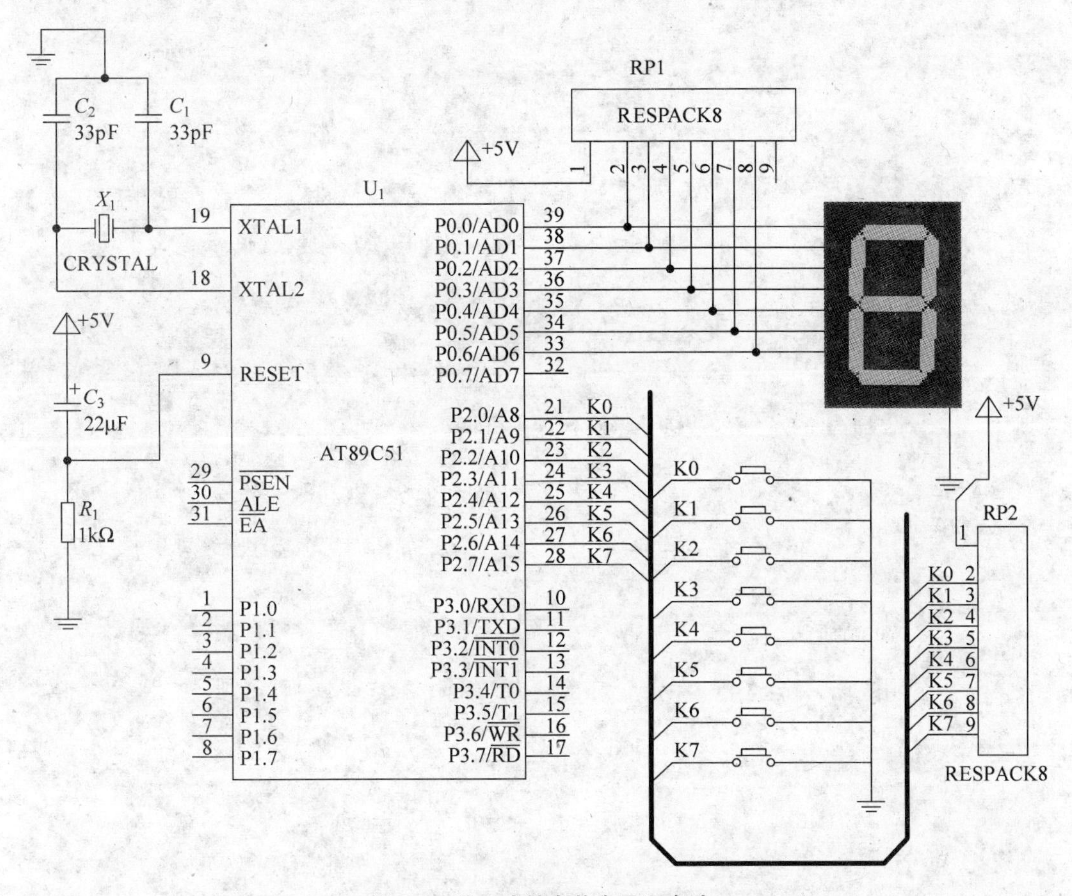

图 9-4　独立式键盘状态显示电路

源程序如下。

```
//                              独立式键盘状态显示程序
//                              单片机晶振主频为 6MHz
#include<reg51.h>
// 建立数字 1~8 的显示码表
unsigned char code DispCode[]={0x06,0x5b,0x4f,0x66,0x6d,0x7d,0x07,0x7f};
void Delay( int Times );                    // 延时子程序声明

void main()
  {
    P0 = 0x00;                              // 数码管无显示
    P2 = 0xff;                              // 在读端口数据前,要先发送全 1 数据
    while(1)
    {
      if(P2 != 0xff)                        // 如果有键按下
      {
        Delay(20);                          // 延时去抖
```

```
          if(P2 != 0xff)                         // 按键维持
           {
            switch (P2)                          // 键码识别
            {
              case 0xfe: P0 = DispCode[0];  // 如果是按键 1,则发送"1"的显码
                        break;
              case 0xfd: P0 = DispCode[1];  // 如果是按键 2,则发送"2"的显码
                        break;
              case 0xfb: P0 = DispCode[2];  // 如果是按键 3,则发送"3"的显码
                        break;
              case 0xf7: P0 = DispCode[3];  // 如果是按键 4,则发送"4"的显码
                        break;
              case 0xef: P0 = DispCode[4];  // 如果是按键 5,则发送"5"的显码
                        break;
              case 0xdf: P0 = DispCode[5];  // 如果是按键 6,则发送"6"的显码
                        break;
              case 0xbf: P0 = DispCode[6];  // 如果是按键 7,则发送"7"的显码
                        break;
              case 0x7f: P0 = DispCode[7];  // 如果是按键 8,则发送"8"的显码
                        break;
              default  : P0 = 0x00;         // 如果没有键按下,或有多键同时按下,无显示
              break;
             }
            Delay(100);
           }
          else P0 = 0x00;                        // 否则不显示
        }
      else P0 = 0x00;
     }
   }
void Delay(int Time_ms)                          // 延时子程序
{
   int i;
   unsigned char j;
   for(i = 0;i < Time_ms;i ++ )
       {
        for(j = 0;j < 150;j ++ )
          {
          }
       }
}
```

9.4 行列式键盘及其接口技术

行列式键盘是用 n 条 I/O 线作为行线、m 条 I/O 线作为列线组成的键盘。在行线和列线的每一个交叉点上,设置一个按键,这样,键盘中按键的个数是 $m\times n$ 个。这种形式的键盘结构能够有效地提高单片机系统中 I/O 口的利用率,适合于按键数目比较多的情

况。单片机系统中最常见的行列式键盘就是4×4行列式键盘,图9-5为4×4行列式键盘连接示意图。

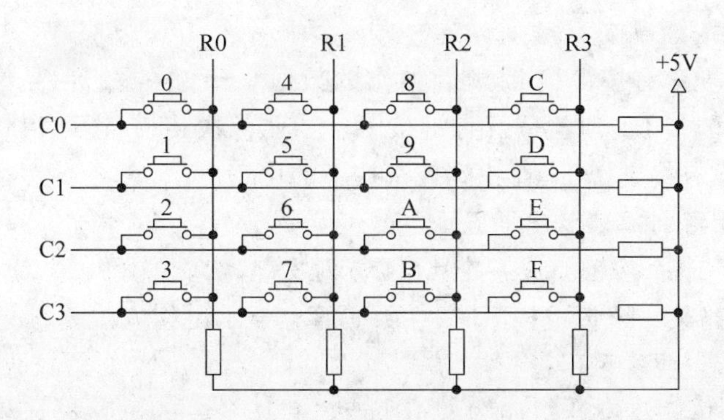

图9-5 4×4行列式键盘连接示意图

4×4行列式键盘由4根行线和4根列线交叉构成,按键位于行列的交叉点上,这样便构成16个按键。和独立式键盘相比,在同样使用8根I/O线的情况下,大大提高了按键的数量。交叉点的行列线是不连接的,当按键按下的时候,此交叉点处的行线和列线导通。

4×4行列式键盘在使用时将行、列线均通过上拉电阻接+5V电源,如果此时无任何按键按下,则对应的行线输出为高电平;如果此时有按键按下,则对应交叉点的行线和列线短接,行线的输出依赖于与此连接的列线的电平状态。由此可以实现矩阵式键盘的编码处理。

实际使用中,一般将行和列分别接到单片机的一个8位的并行端口上,程序中对行线和列线进行不同的操作便可以确定按键的状态。

行列式键盘的工作方式主要有行扫描法和线反向法两种。

9.4.1 行扫描法

行扫描法(Row-Scanning)是采用步进扫描方式,单片机通过输出口把一个逐行改变(步进变0)的数值逐行加载到键盘的行线上,然后再读取列线输入,通过检测行线、列线的状态来判别键码的方法。

键盘行扫描的一般步骤如下。

(1) 首先将4根列线(R0~R3)接单片机的一个8位并行端口的4位(如P1口的高4位),并定义为输出。再将4根行线(C0~C3)接并行端口的另外4位(如P1口的低4位),定义为输入。

(2) 判断键盘上有无按键按下。将列线全部输出为0,然后读行线的状态,即通过P1口输出0x0f,然后再读入P1口的值,分析P1口的低4位状态。如果行线全为1,则表示此时没有任何按键按下;如果行线不全为1,表示有键按下,进而继续执行下面的步骤。

(3) 按键软件去抖。当判断可能有按键按下之后,程序延时10ms左右的时间,再次判断键盘的状态。如果仍然处于按键按下的状态,即行线不全为1,则可以肯定有按键按下,否则当做按键的抖动来处理。

(4) 逐列扫描,确定按键键码。先令列线R0为低电平,其余3根列线R1~R3为高电平，即通过P0口输出数据0xef，然后读取行线的状态。如果行线C0～C3均为高电平，则表示R0这一列上没有按键按下，如果行线C0～C3不全为高电平，则其中为低电平的行线与R0相交的按键被按下。

如果在R0列上没有按键按下，则将输出的数据0xef中的"0"向高位移动一位，即输出数据0xdf，再判断在R1列上是否有键按下。如此依次扫描，逐列判断，就可以检测出列R1、R2、R3有没有按键按下，并找到按键按下的位置。

任务二：4×4行列式键盘键号显示。

设计要求：有16个按键组成一个4×4行列式键盘，要求用一个7段LED数码管来显示按键的键码，当某一个按键按下时，在数码管上显示出相应按键的键码，按键释放时，则不显示任何数字。要求采用行扫描方式。

电路设计：具体电路设计图如图9-6所示。和任务一的电路设计相比，本任务的电路中只是将独立式按键改成了4×4行列式键盘。使用P0口作为数码管的显示码的输出端口，P1端口作为行列式键盘的输入端口，其中P1.0～P1.3作为行线(C0～C3)，P1.4～P1.7作为列线(R0～R3)。两个端口均用上拉电阻来增加信号的驱动能力。

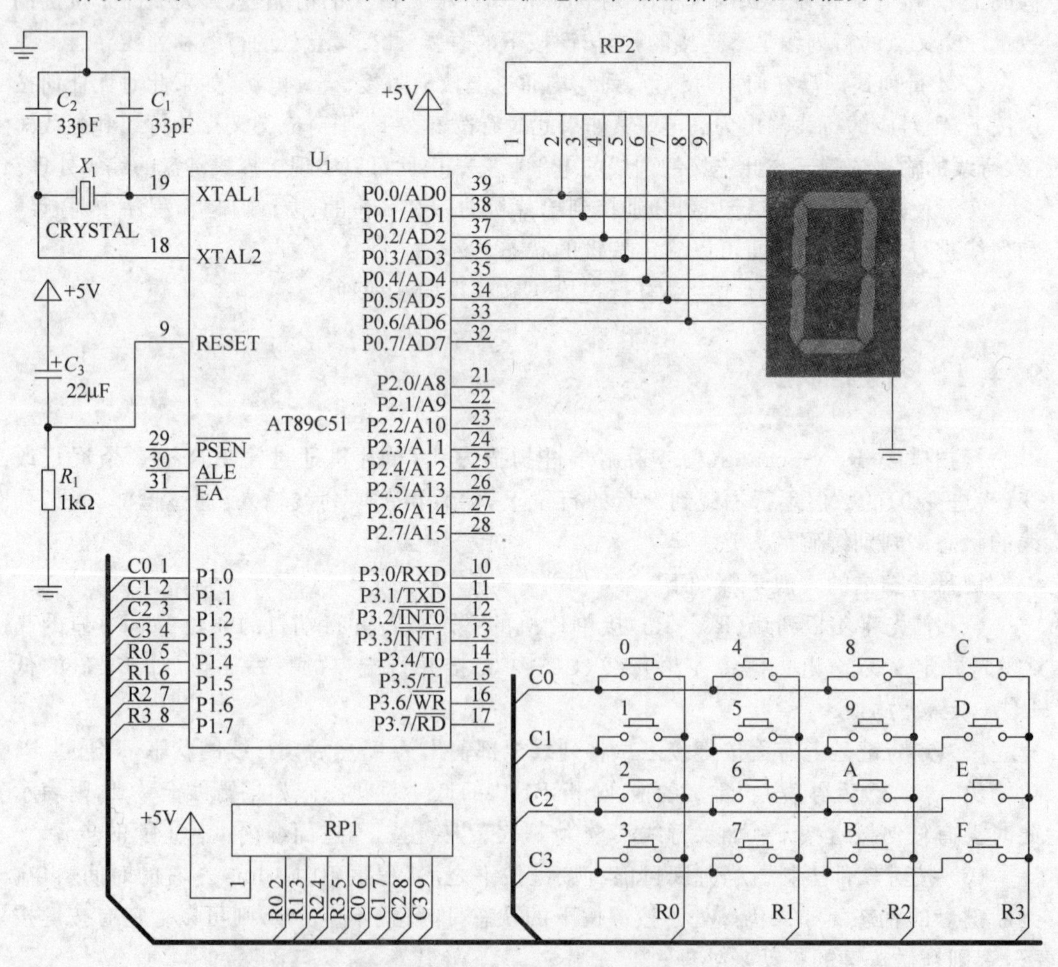

图9-6 4×4行列式键盘接口电路

软件设计：程序设计流程基本上是按照上述行扫描的过程进行的。

源程序如下。

```
//                    键盘行扫描并显示键号程序
//                    单片机晶振主频为6MHz
#include <reg51.h>
#include <mytest.h>
// 0~9,A~F的显示码表
unsigned char code Seg7_code[] = { 0x3f,0x06,0x5b,0x4f,0x66,0x6d,0x7d,0x07,
                                   0x7f,0x6f,0x77,0x7c,0x39,0x5e,0x79,0x71};
// 定义P1.4~P1.7为列线
#define KeyR0  P1_4
#define KeyR1  P1_5
#define KeyR2  P1_6
#define KeyR3  P1_7

unsigned char KeyScan(void );         // 行扫描子程序声明
void Delay(unsigned char Time_ms);    // 延时子程序声明

void main()
  {
    unsigned char key;
    P0 = 0x00;
    while(1)
    {
     key = KeyScan();                  // 得到键码
     P0 = Seg7_code[key];              // 显示得到的键码值
    }
  }

// 4×4行列式键盘行扫描子程序
unsigned char KeyScan(void )
{
  unsigned char KeyCode;
  unsigned char KeyTemp;

   do                                  // 判断是否有键按下
    {
           P1 = 0xff;
           KeyR0 = 0;                  // 列线送全0
           KeyR1 = 0;
           KeyR2 = 0;
           KeyR3 = 0;
           KeyTemp = (~(P1)) & 0x0f;
    } while ( !KeyTemp );              // 如果无键按下,则等待

    Delay(20);                         // 有键按下,则延时20ms去抖

   /********************** 扫描第一列 **********************/
```

```
    KeyR0 = 0;
    KeyR1 = 1;
    KeyR2 = 1;
    KeyR3 = 1;
    KeyTemp = (~(P1)) & 0x0f;

  switch(KeyTemp)
  {
    case 1:                         // 得到键码 0
            KeyCode = 0x00;
            goto exit ;
    case 2:                         // 得到键码 1
            KeyCode = 0x01;
            goto exit;
    case 4:                         // 得到键码 2
            KeyCode = 0x02;
            goto exit;
    case 8:                         // 得到键码 3
            KeyCode = 0x03;
            goto exit;
    default:                        // 本列上无键按下
            break;
  }

  /************************** 扫描第二列 ***************************/
    KeyR0 = 1;
    KeyR1 = 0;
    KeyR2 = 1;
    KeyR3 = 1;
    KeyTemp = (~(P1)) & 0x0f;

  switch(KeyTemp)
  {
    case 1:                         // 得到键码 4
            KeyCode = 0x04;
            goto exit;
    case 2:                         // 得到键码 5
            KeyCode = 0x05;
            goto exit;
    case 4:                         // 得到键码 6
            KeyCode = 0x06;
            goto exit;
    case 8:                         // 得到键码 7
            KeyCode = 0x07;
            goto exit;
    default:                        // 本列上无键按下
            break;
  }
```

```
/********************** 扫描第三列 *******************/
 KeyR0 = 1;
 KeyR1 = 1;
 KeyR2 = 0;
 KeyR3 = 1;
 KeyTemp = (~(P1)) & 0x0f;

switch(KeyTemp)
{
  case 1:                            // 得到键码 8
         KeyCode = 0x08;
         goto exit;
  case 2:                            // 得到键码 9
         KeyCode = 0x09;
         goto exit;
  case 4:                            // 得到键码 A
         KeyCode = 0x0a;
         goto exit;
  case 8:                            // 得到键码 B
         KeyCode = 0x0b;
         goto exit;
  default:                           // 本列无键按下
         break;
}
/********************** 扫描第四列 *******************/
 KeyR0 = 1;
 KeyR1 = 1;
 KeyR2 = 1;
 KeyR3 = 0;
 KeyTemp = (~(P1)) & 0x0f;

switch(KeyTemp)
{
  case 1:                            // 得到键码 C
         KeyCode = 0x0c;
         break;
  case 2:                            // 得到键码 D
         KeyCode = 0x0d;
         break;
  case 4:                            // 得到键码 E
         KeyCode = 0x0e;
         break;
  case 8:                            // 得到键码 F
         KeyCode = 0x0f;
         break;
  default:                            // 无键按下
         break;
}
```

```
exit:
  do                                  // 判断键是否被释放
    {
      KeyR0 = 0;
          KeyR1 = 0;
          KeyR2 = 0;
          KeyR3 = 0;
          KeyTemp = (~(P1)) & 0x0f;
     } while ( KeyTemp );             // 如果键被按下没有释放,则等待

    Delay(40);
    return (KeyCode);

}


/******************* 延时子程序 **********************/
void Delay(unsigned char Time_ms)
{

  unsigned char i;
  unsigned int  j;
  for(i = 0;i < Time_ms;i ++ )
  {
      for(j = 0;j < 123;j ++ )
        {
        }
  }
}
```

9.4.2 线反向法

行扫描法需要逐列扫描查询,根据键的位置不同,每次查询的次数不一样。如果按下的键位于最后一列,则要经过多次扫描查询才能获得该按键的位置。相比而言,线反向法比较方便,无论被按的按键处于第一列还是最后一列,都只需要经过两步便可以获得此按键的键码。线反向法的具体步骤如下。

(1) 将列线作为输出线,行线作为输入线。置输出线全部为 0,此时行线中有低电平 0 则表示有键按下,进行软件去抖后,进入第(2)步。如果全部都不是 0,则没有按键按下,重复第(1)步。

(2) 将第(1)步反过来,即将行线作为输出线,列线作为输入线,即所谓的线反向。将得到的行线值发送,得到列线值,将两者结合起来形成一个唯一的代码,然后查找键码表,得到相应的键码。

任务三:4×4 行列式键盘键号显示。

设计要求:设计要求同任务二,但是要求采用线反向方式。

电路设计：和任务二一致，同图9-6。

软件设计：线反向软件实现中的一个关键是要根据按键的分布建立相对应的键码表。如对于"0"键，如果该键按下，当列线输出为全0时，在行线上得到数据1110，将该数据再通过行线发送出去；再读取列线值，就可以得到数据1110，将这两个数据合在一起就可以得到"0"键的键码"11101110"，即0xee。以此类推，可以得到其他各键的键码。按键0～F的键码表为：0xee，0xed，0xeb，0xe7，0xde，0xdd，0xdb，0xd7，0xbe，0xbd，0xbb，0xb7，0x7e，0x7d，0x7b，0x77。

当经过线反向，得到相应按键的键码后，就可以查找到该键码在键码表中的位置，得到对应键的键号，如"0"号键的键码是0xee，在键码表中的第0号位。

线反向法的源程序如下。

```
//                      键盘线反向法程序
//                      单片机晶振主频为6MHz
#include <reg51.h>
//0～F的显示码
unsigned char code Seg7_code[] = { 0x3f,0x06,0x5b,0x4f,0x66,0x6d,0x7d,0x07,
                                  0x7f,0x6f,0x77,0x7c,0x39,0x5e,0x79,0x71};
//按键0～F的键码表
unsigned char code Key_code[] = { 0xee,0xed,0xeb,0xe7,0xde,0xdd,0xdb,0xd7,
                                  0xbe,0xbd,0xbb,0xb7,0x7e,0x7d,0x7b,0x77};
unsigned char KeyScan(void );                        //线反向子程序说明
void Delay(unsigned char Time_ms);                   //延时子程序说明

void main()
  {
    unsigned char key;                               //key为得到的键盘键号
    P0 = 0x00;
    while(1)
    {
     key = KeyScan();                                //得键盘键号
     P0 = Seg7_code[key];                            //显示键号
    }
  }
//键盘线反向程序,返回键号
unsigned char KeyScan(void )
{
  unsigned char KeyCode;
  unsigned char KeyTemp;
  unsigned char i;

   do                                                //判断是否有键按下
     {
        P1 = 0x0f;
        KeyTemp = (~(P1)) & 0x0f;
     } while ( !KeyTemp );                           //如果无键按下,则等待
     Delay(20);                                      //有键按下,则延时20ms去抖
```

```
    P1 = 0x0f;                                    // 向列线发送全 0
    KeyTemp = P1 | 0xf0;                          // 得到行线值,并同时将高 4 位置 1
                                                  // 便于下一步读取高 4 位数据,即列线值
    P1 = KeyTemp ;                                // 线反向,发送行线值
    KeyTemp = (KeyTemp & 0x0f )|( P1 & 0xf0);     // 将得到的列线值和原先得到的
                                                  // 行线值合在一起,构成键码值

    for (i = 0;i < 16;i ++ )                      // 查键码表
     {
       if ( KeyTemp == Key_code[i] )              // 如果键码值和键码表中数据一致
         {                                        // 则得到键号为偏移值 i
           KeyCode = i;
           break;
          }
     }
   do                                             // 判断键是否被释放
     {
       P1 = 0x0f;
       KeyTemp = (~(P1)) & 0x0f;
      } while ( KeyTemp );                        // 如果键被按下没有释放,则等待
    Delay(40);
    return (KeyCode);
}

/******************** 延时子程序 ***********************/
void Delay(unsigned char Time_ms)
{

   unsigned char i;
   unsigned int   j;
   for(i = 0;i < Time_ms;i ++ )
      {
       for(j = 0;j < 123;j ++ )
         {
         }
      }
}
```

9.5 总结

1. 编码式键盘

使用硬件电路来进行键码识别的键盘称为编码式键盘。

2. 非编码式键盘

使用软件对键盘进行分析,从而得到按键键码的键盘,称为非编码式键盘。

3. 独立式键盘

将每一个按键以一对一的方式直接连接到I/O输入线上所构成的键盘。

4. 行列式键盘

行列式键盘是将按键组成 $m \times n$ 行列，按键一端连接行线，一端连接列线。同一行上的按键均接在一个行线上，同一列上的按键均接在一个列线上。行列式键盘常用于按键数量较大，需占用I/O线较少的单片机系统中。

5. 抖动与去抖

抖动是指按键在按下时，在输出端产生瞬间的电平信号变化，会引起系统对按键的误操作，去除键盘抖动的方法主要有硬件去抖和软件延时去抖两种。

6. 行扫描法与线反向法

行扫描是采用步进扫描方式，单片机通过输出口把一个逐行改变的数值逐行加载到键盘的行线上，然后再读取列线输入，通过检测行线、列线的状态来判别键码的方法。

线反向法是先向列线发送全0或全1数据，读取行线值；当有键按下时，将行线作为输出线，列线作为输入线，即将得到的行线值发送，再得到列线值，将两者结合起来形成一个唯一的代码，然后查找键码表，得到相应的键码的方法。

7. 键盘中断

行扫描法和线反向法都是利用扫描查询的方式来获得按键信息的，这样CPU总要不断地扫描键盘，占用很多CPU处理时间。在比较复杂的系统中，为了提高CPU的工作效率，有时会采用中断的方法来获得按键信息。

键盘中断法的思想是，只有在键盘上有键按下的时候，才发出中断请求，CPU响应中断请求后，在中断服务程序中，进行键盘扫描，获得按键信息。

思考与练习9

1. 什么是编码式键盘和非编码式键盘？它们各自的特点是什么？

2. 单片机如何去除按键抖动？查找资料，画出2个以上的硬件去抖电路。

3. 简述行扫描式键盘和线反向式键盘的工作原理，并画出流程图。

4. 设计一个4×4行列式键盘、4位数码管显示电路，要求能实现下述要求。

(1) 在4位数码管上能显示通过键盘输入的4位数。

(2) 当按下C键时，4位数码管清除原先显示的数，只显示4位的“0”。

5. 修改任务二的电路和程序，当有键按下时，键盘接口电路向单片机发出中断请求，单片机在中断服务程序中进行键码的识别，即采用键盘中断的方法来进行按键处理。

第10章

A/D、D/A 转换接口技术

学习目标

通过本章的学习,应该掌握:

(1) A/D、D/A 的相关基础知识

(2) A/D、D/A 转换器的主要技术指标

(3) A/D、D/A 转换器的选择要点

(4) A/D、D/A 转换接口的具体应用和设计要点

10.1 A/D、D/A 转换概述

单片机应用系统在很多场合是用于信号的检测和对外部设备的控制，在很多时候需要对模拟量进行采集或者处理，这些模拟量涉及温度、速度、压力、电流、电压等。由于单片机以及计算机的强大计算处理能力，可以将这些模拟量采集到单片机或者计算机中进行处理。由于单片机或计算机只能对数字信号进行处理，所以需要首先将模拟量信号转换成数字量信号，这便需要用到模/数转换器件，也就是 A/D(Analogue/Digital)转换器。

同样在实际的控制系统中，输出控制信号不仅仅是数字信号，还包含很多模拟信号，比如可以精确控制的电压信号、电流信号等。这些都需要单片机将单片机内部输出的数字控制信号转换成期望的电压或电流等模拟信号，以实现对外部设备控制的目的。D/A(Digital/Analogue)转换器就可以实现数字量到模拟量的转换。

10.1.1 A/D 转换

A/D 转换器的功能是将输入的模拟信号转换成数字信号，并发送给单片机或计算机。A/D 转换器的种类很多，但目前市场上使用较多的有逐次逼近式 A/D 转换器和双积分式 A/D 转换器两类。逐次逼近式 A/D 转换器的优点是转换速度比较快，和双积分式 A/D 转换器相比，成本较低，因而应用比较广泛；双积分式 A/D 转换器的优点是精度高、抗干扰性好，但转换速度较逐次逼近式 A/D 要慢。

由于输入到 A/D 转换器中的模拟量信号在时间上是连续的，而 A/D 转换器完成一次转换需要一定的时间，只能是间断性地进行，因此输出的数字量在时间上就是断续的，称为离散量。每一次选取要转换的模拟量称为信号采样，相邻两次采样的间隔时间称为采样周期。为了保证输出量能充分反映输入量的变化情况，采样周期要根据输入信号的周期来确定，一次 A/D 转换所需要的时间应该小于采样周期。

将模拟量表示成相对应的数字量称为量化，由于模拟量在幅值大小上是连续变化的，而数字量则是离散的，如 8 位的数字量只有 256 个，所以在转换过程中不可能对于每一个任意大小的模拟量都会有一个数字量与之相对应，这就会有误差，称为量化误差。

A/D 转换器的主要性能指标如下。

1. 分辨率

A/D 转换器的分辨率通常采用输出数字量的二进制位数来表示，如 8 位、10 位、12 位、14 位和 16 位等。如果 A/D 转换器的分辨率为 N，则表示其可以对全量程的 $1/2^N$ 的增量做出反应。如对于 8 位的 A/D 转换器，最小分辨率(Least Significant Bit，LSB)如下。

$$1/(2^8)\times 100\% = 1/256\times 100\% \doteq 0.3906\%$$

可见，分辨率越高，转换时对输入量微小变化的反应越灵敏。量化误差理论上为一个单位的分辨率，即±1/2LSB。提高分辨率可减少量化误差。

2. 量程

量程是 A/D 转换器对输入的模拟电压或者电流所能转换的范围，如±5V、0～10V 等。

3. 转换精度

A/D 转换器的转换精度有绝对精度和相对精度两种，反映了一个实际的 A/D 转换器在量化值上与理想 A/D 转换器的差值。常用数字量的位数作为绝对精度的单位，如精度为±1/2LSB；用百分比来表示满量程时的相对误差，如±0.05%。

4. 转换时间和速率

A/D 转换器完成一次 A/D 转换所需要的时间为 A/D 转换时间，而转换率是转换时间的倒数。

5. 温度系数

温度系数表示 A/D 转换器受环境温度影响的程度。一般用环境温度变化 1 摄氏度所产生的相对转换误差来表示，以 PPM/C 为单位。

10.1.2 D/A 转换

D/A 转换进行的是数字量到模拟量的转换，也称为数/模转换，能实现这种转换的器件称为 D/A 转换器。

D/A 转换器的基本功能是将一个用二进制表示的数字量转换成相应的模拟量。实现这种转换的基本方式是将二进制的每一个数据位产生一个相应的电压或电流，而这个电压或电流量的大小正比于相应的二进制数据位的权，最后将这些电压或者电流相加并输出。

对于一个 4 位数字量中的每一个二进制数位，假设可以产生的相应电压量为 1V、1/2V、1/4V、1/8V，则数字量 1111 转换后可以产生的模拟量电压如下。

$$1\times1+1\times\frac{1}{2}+1\times\frac{1}{4}+1\times\frac{1}{8}=1.875(\text{V})$$

对于数字量 1011，转换后可得到模拟量电压如下。

$$1\times1+0\times\frac{1}{2}+1\times\frac{1}{4}+1\times\frac{1}{8}=1.375(\text{V})$$

其中 1V 为参考电压。

对应于一个 4 位的数字量，则就会有 16 个电压或电流量与之相对应。

D/A 转换器的类型可以有很多种划分方式，如按照接收数字量的传送方式不同可以分为并行和串行两种。并行 D/A 转换器的数据转换速度快，串行 D/A 转换器占用单片机的 I/O 端口数少。

按照输出模拟量的类型可以将 D/A 转换器分为电流型和电压型两种。对于电压型 D/A 转换器，由于其内部有内置的输出发生器，所以可以达到很高的速度，适合用于高阻抗负载的场合；电流型 D/A 转换器由于输出的是电流量，可以通过运算放大器构成一个电流/电压转换电路来实现电压量的输出。

按照 D/A 转换器输入数字量的位数可以将 D/A 转换器分为 8 位、10 位、12 位、16 位等类型，位数越高，则 D/A 转换器的分辨率就越高。

D/A 转换器的主要技术指标如下。

1. 分辨率

D/A 转换器的分辨率是指当输入数字量发生单位数码（即 1LSB）变化时，所对应输出模拟量的变化量。如果数字量的位数为 N，则分辨率为模拟量输出的满量程值 $1/2^N$，在实际应用中，常常用数字量位数来表示分辨率。

2. 转换精度

实际输出模拟量与理想输出的模拟量相比较的转换误差，有绝对精度和相对精度两种，其中绝对精度一般用 LSB 为单位，而相对精度则是绝对精度与满量程之比。

3. 建立时间

建立时间是指从 D/A 转换器输入数据到输出稳定的模拟量所花的时间。

10.2 波形发生器的设计

10.2.1 设计任务

设计一个波形发生器，可以产生三角波、锯齿波、方波和正弦波 4 种信号，可以通过一个按键来控制输出信号的切换。

10.2.2 任务分析及方案制订

信号的产生可以通过 D/A 转换器 DAC0832 来实现，通过单片机向 DAC0832 发送不同的数据，就可以使 DAC0832 输出相对应的模拟量信号，从而得到期望的波形。

1. 方波信号的产生

每隔一定时间交替向 D/A 转换器发送 00H 或 FFH，这样就会在 D/A 转换器的输出端产生一个高低电平变化的方波信号，控制高低电平变化的时间间隔就可以达到控制方波周期的目的。

2. 锯齿波的产生

每隔一个时间段给 D/A 转换器发送一个从 00H 到 FFH 递增的数据，就会使 D/A 转换器输出一个定时递增的电压信号，当数据达到 FFH 时，再重新回到 00H，这样就能使 D/A 转换器的输出端产生一个锯齿波信号。控制这个时间段的大小就可以决定这个锯齿波的周期。

3. 三角波的产生

三角波的产生原理和锯齿波比较近似，只是在发送数据到达 FFH 后，再逐次递减直到 00H，然后再逐次递增到 FFH，不断循环就可以在 D/A 转换器的输出端得到一个三角波信号。同时，控制每个数据发送的间隔时间就能控制该信号的周期。

4. 正弦波的产生

先计算在一个周期内，量化数值 00H～FFH 范围内，一个正弦波的若干个采样值，如图 10-1 所示，其中 S1、S7 均为在时间轴上采样时间点，所对应的正弦波采样点可以在幅度轴上得到。将这些采样值组成一个正弦波数据表。然后按照一定的时间间隔，逐次将这些数据发送给 D/A 转换器，就可以得到一个正弦波信号。采样点越多，形成的正弦波信号波形就越近似理想的正弦波信号。当然数据量越大，占用的内存资源就越多，通常在一个周期中取 40～80 个点。在本设计中取 70 个采样值。

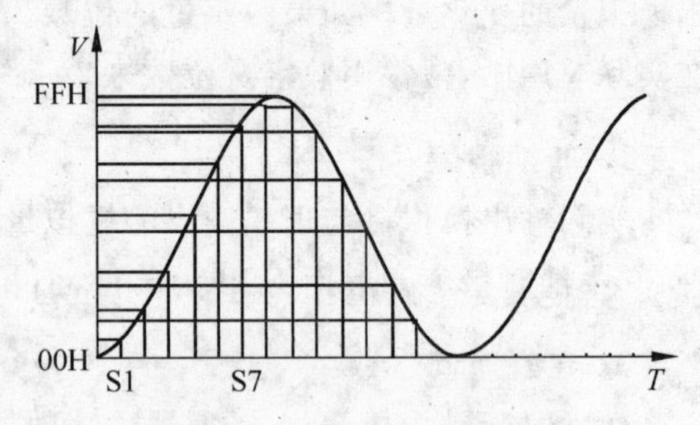

图 10-1 正弦波采样示意图

10.2.3 硬件设计

1. DAC0832 与单片机的接口电路

在设计中选用的 D/A 转换器为 DAC0832。DAC0832 是 8 位分辨率的 D/A 转换集成芯片，具有与单片机连接简单、转换控制方便、价格低廉等优点，在单片机应用系统中得到了广泛的应用。

DAC0832 的结构框图如图 10-2 所示，它由 8 位输入锁存器、8 位 DAC 寄存器、8 位 D/A 转换器及转换控制电路组成。图 10-3 为 DAC0832 的引脚图，其引脚定义如下。

DI0～DI7：8 位数据输入端。

ILE：输入寄存器允许信号，高电平有效。

$\overline{\text{CS}}$：片选信号，低电平有效。

WR1：输入寄存器写信号，低电平有效。由 ILE、CS 和 WR1 的逻辑组合产生输入寄存器控制信号 LE1。当 LE1 为低电平时，输入寄存器内容随数据线变化，LE1 的正跳变将输入数据锁存。

$\overline{\text{XFER}}$：数据传送信号，低电平有效。

WR2：DAC 寄存器的写信号，低电平有效。由 XREF 和 XR2 组成 DAC 寄存器的控制信号 LE2。LE2 的正跳变将输入数据锁存于 DAC 寄存器。

V_{REF}：基准电源输入端，电压范围为－10～＋10V。

R_{FB}：反馈信号输入端。

I_{OUT1}：电流输出端 1，当输入数据为全 0 是，I_{OUT1} 等于 0；当输入数据为全 1 时，

I_{OUT1}得最大值。

I_{OUT2}：电流输出端 2，$I_{OUT1}+I_{OUT2}=$ 常数。

V_{CC}：电源输入端，电压范围为 5～15V。

AGND：模拟地。

DGND：数字地。

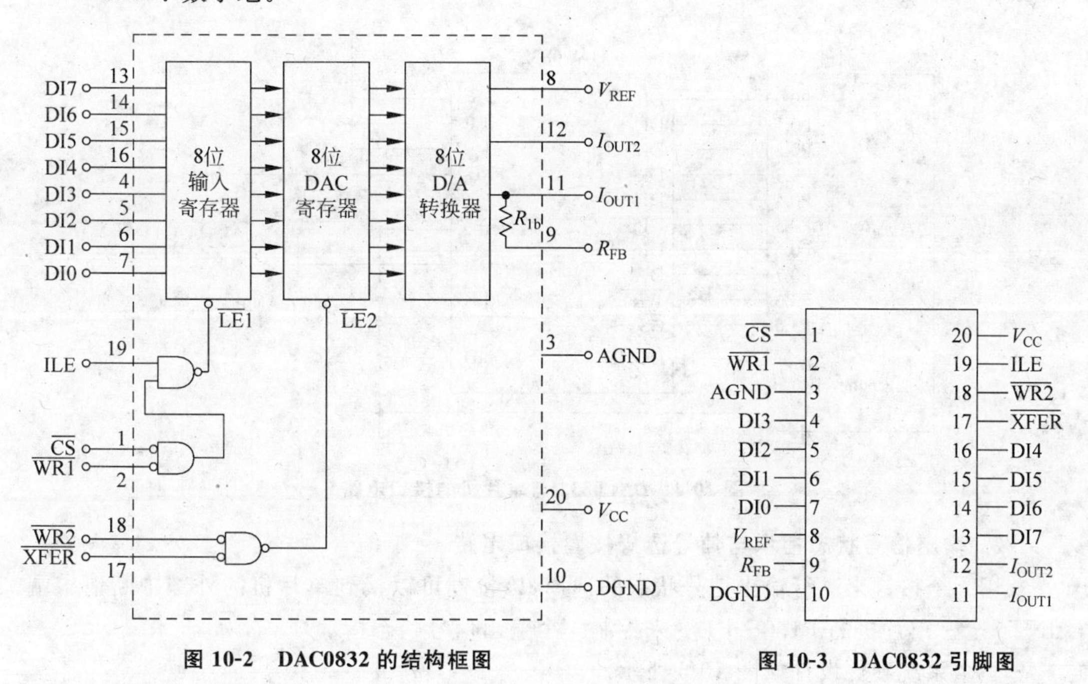

图 10-2 DAC0832 的结构框图　　　　图 10-3 DAC0832 引脚图

DAC0832 内部有两个寄存器，能实现双缓冲和单缓冲两种工作方式。

双缓冲工作方式是指两个寄存器分别受到控制。当 ILE、CS、WR1 信号均有效时，8 位数字量被写入输入寄存器，此时并不进行 D/A 转换；当 WR2 和 XFER 信号均有效时，存在输入寄存器中的数据被写入 DAC 寄存器，并进入 D/A 转换器进行 D/A 转换。在一次转换完成到下次转换开始之前，由于寄存器的锁存作用，8 位 D/A 转换器的输入数据保存恒定，因此 D/A 转换的输出也保持恒定。这种方式常用于多路数字量的同步转换输出。

单缓冲工作方式是指只有一个寄存器受到控制。这时将另一个寄存器的有关控制信号预先置为有效，使之开通，或者将两个寄存器的控制信号连在一起，两个寄存器作为一个使用。如可以将 XFER、WR2 接地，由单片机控制 CS、WR1，则此时输入寄存器受控，而 DAC 寄存器直通。这种方式只需一次数据写操作，就可以实现数据的转换，可以提高数据的转换速度。

DAC0832 是以电流形式输出，要得到电压形式的信号，则需要进行电流/电压的转换，通常使用运算放大器电路来实现。

在本设计中，DAC0832 采用单缓冲工作方式，与单片机的接口电路如图 10-4 所示，其中 XFER、WR2 接地，WR1 接单片机的 P3.0，单片机通过 P3.0 发送数据写信号给 DAC0832 内部的数据输入寄存器。CS 接 P3.0,8 位数据输入端 DI0～DI7 接单片机的 P0.0～P0.7,DAC0832 的电流输出 I_{OUT1}、I_{OUT2} 和运算放大器的两个输入端相连,反馈信号输入端 R_{FB} 接运算放大器的输出端。输入寄存器允许信号 ILE 接高电平,基准电源 V_{REF} 直接和电源电压 V_{CC} 相连,DAC0832 数字地 DGND 和模拟地 AGND 一点相连。

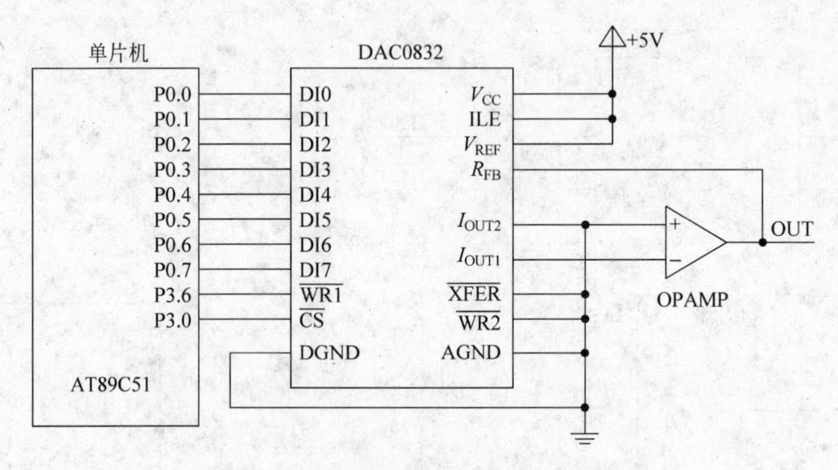

图 10-4 DAC0832 与单片机的接口电路

2. 输出信号状态指示与信号选择按键接口电路

用一个按键来进行输出信号状态的选择,该按键可以接到单片机的外部中断请求端 INT0 上。单片机的 P1.0～P1.3 来控制 4 个输出信号状态指示灯。

整个系统硬件设计如图 10-5 所示。

10.2.4 软件设计

从硬件电路设计图可以看到由于 DAC0832 的 XFER、WR2 接地,使得 D/A 转换器内部的 DAC 寄存器变成了直通,D/A 转换器工作在单缓冲方式下。由于 ILE 已经接高电平,所以在程序中置 P3.0(控制 DAC0832 的 CS 端)为 0 后,可以通过控制 P3.6 电平的变化来产生 DAC0832 的写信号 WR1。当 P3.6 为高电平时,单片机发出的数据送入数据输入寄存器中；当 P3.6 变为低电平时,数据输入寄存器将数据锁存,并送入 D/A 转换器转换。

输出信号的状态切换由按键决定,当按键按下时,向单片机发出外部中断请求信号。在中断服务程序中,设置输出信号状态标志 k,在主函数中会根据这个标志,发送不同的波形数据。在程序中,k 为 0,则进入发送锯齿波信号状态；k 为 1,则进入发送方波信号状态；k 为 2,则进入发送正弦波信号状态；k 为 3,则进入发送三角波信号状态。

信号周期的调整可以通过在程序中修改数据发送后的延时子程序中的延时系数来实现。

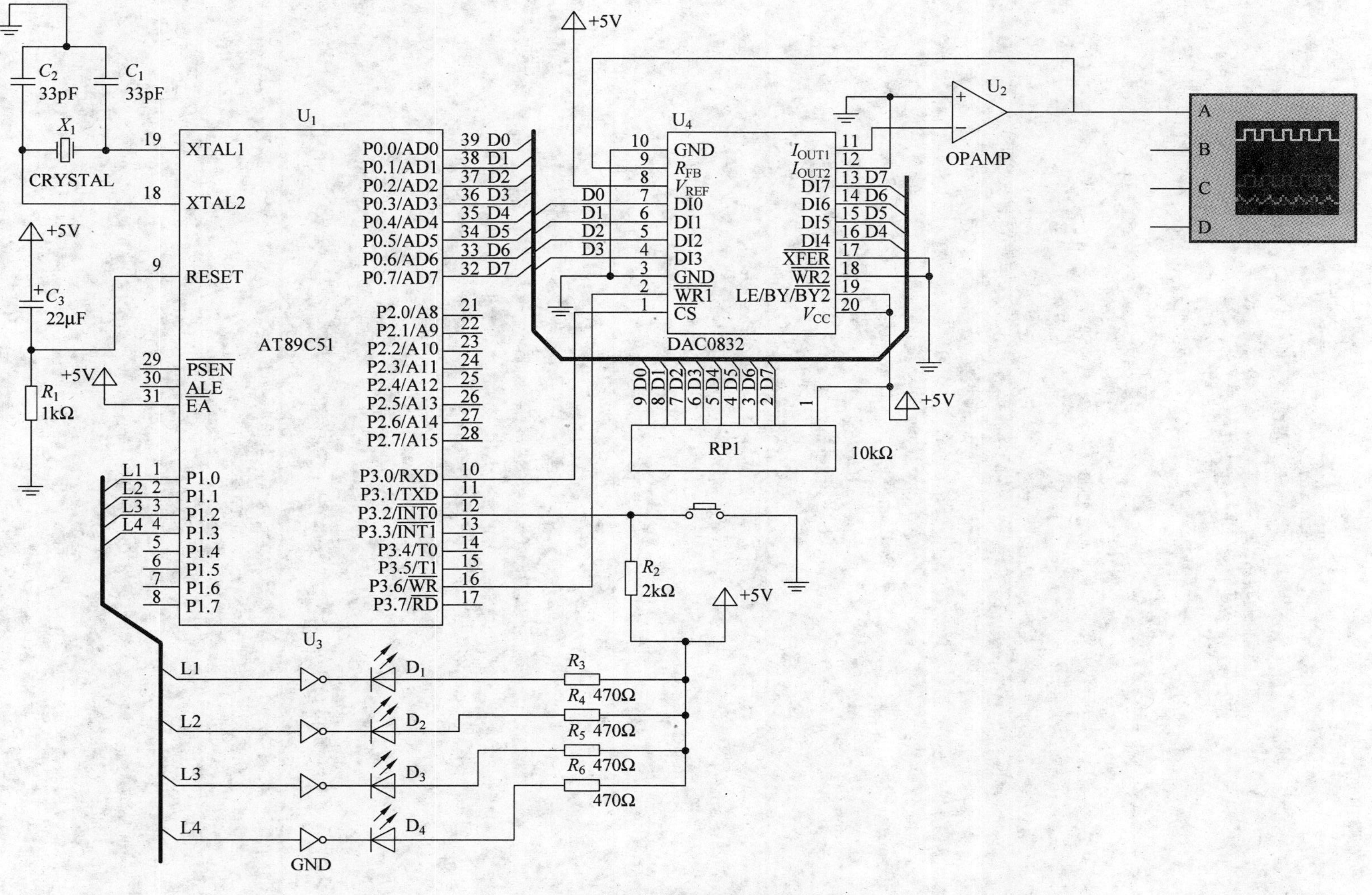

图 10-5　波形发送器硬件电路设计图

源程序如下。

```
//                          波形发生器程序
//                          波形依次为：锯齿波、方波、正弦波、三角波
//                          由按键选择信号波形输出
//                          单片机晶振主频为 6MHz

#include <reg51.h>
#include <mytest.h>
#define WR  P3.6            // 定义 P3.6 为 DAC0832 的输入寄存器的写信号 WR1
#define CS   P3.0           // 定义 P3.0 为 DAC0832 的片选信号 CS
unsigned char k,t;          // k 为输出信号状态标志,t 为发送数据值
// 建立一个周期的正弦波数据表,共 70 个数据
unsigned char code Table [ ] = {  0x7f,0x89,0x94,0x9f,0xaa,0xb4,0xbe,0xc8,
                                  0xd1,0xd9,0xe0,0xe7,0xed,0xf2,0xf7,0xfa,
                                  0xfc,0xfe,0xff,0xfe,0xfc,0xfa,0xf7,0xf2,
                                  0xed,0xe7,0xe0,0xd9,0xd1,0xc8,0xbe,0xb4,
                                  0xaa,0x9f,0x94,0x89,0x7f,0x76,0x6b,0x60,
                                  0x55,0x4b,0x41,0x37,0x2e,0x26,0x1f,0x18,
                                  0x12,0x0d,0x08,0x05,0x01,0x00,0x01,0x05,
                                  0x08,0x0d,0x12,0x18,0x1f,0x26,0x2e,0x37,
                                  0x41,0x4b,0x55,0x60,0x6b,0x76};
void Delay(int Time_ms) ;   // 延时子程序声明
void Int0 ()  ;             // 外部中断 Int0 中断服务函数声明

void main()
{
  unsigned char i;          // 初始化
  k = 0;                    // 启动时,自动进入锯齿波状态
  EX0 = 1;                  // 外部中断 Int0 允许
  IT0 = 1;                  // 中断信号触发方式为下降沿有效
  EA = 1;                   // 总中断允许
  P3_0 = 0;                 // DAC0832 片选信号有效
  while(1)
  {
   if( k == 0)              // 发送锯齿波
    {
      P1 = 0x01;            // 锯齿波状态指示灯亮
      t ++ ;                // 发送数据加 1
      P3_6 = 1;             // 写信号变高,数据可以送入 DAC0832 的数据输入寄存器中
      P0 = t;               // 发送数据
      P3_6 = 0;             // 数据锁存,等待 D/A 转换
      Delay(2);             // 延时,可以修改延时系数来调整信号周期
    }
    else if(k == 1)         // 发送方波信号
    {
      P1 = 0x02;            // 方波指示灯亮
      P3_6 = 1;
      P0 = 0xff;            // 输出高电平
```

```
        P3_6 = 0;
        Delay(100);
        P3_6 = 1;
        P0 = 0x00;                    // 输出低电平
        P3_6 = 0;
        Delay(100);                   // 延时
      }
      else if( k == 2)                // 发送正弦波信号
      {
        P1 = 0x04;                    // 正弦波指示灯亮
        P3_6 = 1;
        P0 = Table[t];                // 发送正弦波数据表中的数据
        P3_6 = 0;
        Delay(1);
        t ++ ;
        if (t == 69) t = 0;           // 如果是表中的最后一个数据,从头开始下一个周期

      }
    else if(k == 3)                   // 发送三角波信号
      {
       P1 = 0x08;                     // 三角波指示灯亮
       if( t == 0) i = 0;             // 设置上升标志
       else if ( t == 0xff) i = 1;
       if ( i == 0)                   // 数据递增
        {
          P3_6 = 1;
          P0 = t ++ ;
          P3_6 = 0;
          Delay(1);
        }
       if(i == 1)                     // 数据递减
        {
          P3_6 = 1;
          P0 = t -- ;
          P3_6 = 0;
          Delay(1);
        }
      }
   }
}
void Delay( int Time_ms)              // 延时子程序
{
    int i;
    unsigned char j;
    for(i = 0;i < Time_ms;i ++ )
       {
        for(j = 0;j < 150;j ++ )
          {
          }
```

```
        }
    }
    // 外部中断服务程序,设置输出信号状态标识,每按一次键,状态标志加 1
    void Int0 () interrupt 1
    {
      k ++ ;
      t = 0;
      if(k == 4) k = 0;
      return;
    }
```

10.2.5 仿真与调试

在 Proteus 中,画出如图 10-5 所示的系统电路原理图,在 Keil μVision 中将程序编译生成.HEX 文件,并加载到 Proteus 中的单片机上,在运算放大器的输出端接上一个虚拟示波器,运行仿真系统。按动选择按键,可以看到输出波形依次为锯齿波、方波、正弦波和三角波,如图 10-6 所示。

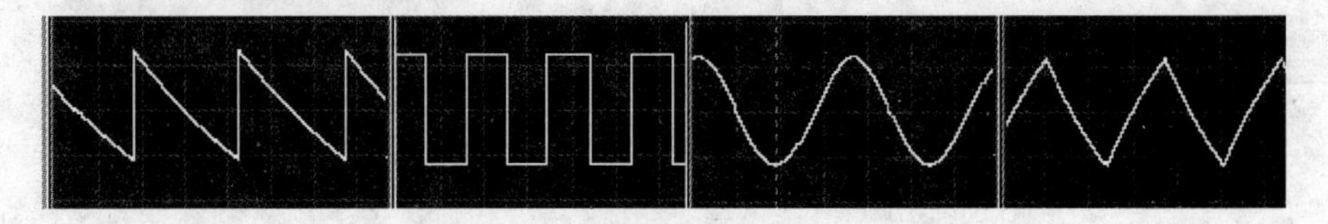

图 10-6 波形发生器输出波形示意图

10.3 多路信号采集系统的设计

10.3.1 设计任务

采集两路模拟数据信号,并用数码管显示器显示两路经过 A/D 转换后的数据。具体要求如下。

(1) 两路模拟量电压信号由两个可调电阻模拟产生,电压信号在 0～5V 之间。

(2) 用一个开关来选择采集的模拟信号通道。

(3) 显示数据位为 3 位,数据范围为 0～255。

10.3.2 任务分析及方案制订

多路数据采集需要用到一个多通道的 A/D 转换器,由于模拟量电压信号范围在 0～5V,同时要求显示的数据范围为 0～255,所以选用一个多通道、分辨率为 8 位的 A/D 转换器即可。由于需要数据显示,因此系统要有 3 位的数码管显示器。整个系统主要由数据采集电路部分和显示部分两部分组成。

多路数据采集与显示系统的框图如图 10-7 所示。

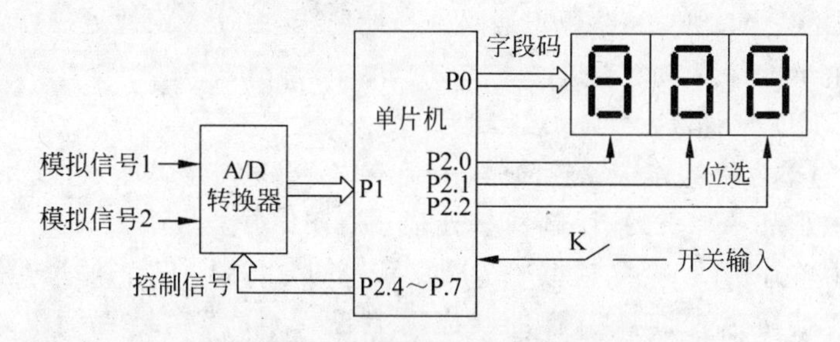

图 10-7　多路采集与显示系统框图

单片机通过 P0 口向显示器发送数据字段码，由 P2.0～P2.2 发送字位码来选择数码管显示器，两路模拟信号发送到 A/D 转换器，由单片机的 P2.4～P2.7 发送相关的控制信号来选择输入通道和控制数据转换，转换后的数字量发送到单片机的 P1 口。

10.3.3　硬件设计

1. 数据采集电路

两路模拟信号由两个可调电阻产生，A/D 转换器采用 ADC0808。

ADC0808 是美国 NS 公司生产的 8 通道 8 位逐次逼近式 A/D 转换器，与单片机接口简单、价格低廉，因此应用比较广泛。

ADC0808 内部包含一个 8 位模数转换器、8 通道多路转换器与微控制器兼容的控制逻辑。8 通道多路转换器能直接连通 8 路模拟信号中的任一个。

ADC0808 的引脚图如图 10-8 所示，其中各引脚定义如下。

IN0～IN7：8 路模拟信号输入端。

ALE：地址锁存器允许信号输入端。当它为高电平时，地址信号进入地址锁存器。

CLOCK：外部时钟输入端。时钟频率典型值为 640kHz，允许范围为：10～1280kHz。

START：A/D 转换启动信号输入端。有效信号为正脉冲，在脉冲的上升沿 A/D 转换器内部寄存器清零，在脉冲下降沿开始 A/D 转换。

EOC：A/D 转换结束信号，在 A/D 转换结束后，EOC 信号为高电平，可用来作为 A/D 转换结束后的中断请求信号，或供单片机查询 A/D 结束。

OE：输出允许信号，当 OE 为高电平时，将 A/D 转换结果输出。

D0～D7：数字量输出端。

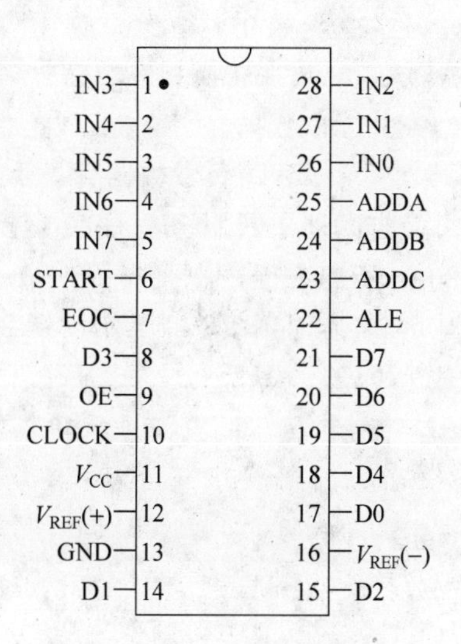

图 10-8　ADC0808 引脚图

V_{REF}(+)、V_{REF}(-)：正负基准电压输入端，正负基准电压的典型值分别为+5V、0V。

V_{CC}、GND分别为电源、地。

ADDA、ADDB、ADDC：8路模拟通路选择地址线，由这3位地址进行3选8译码，选通8路模拟通道中的任意一个通道。

DGND、AGND分别为数字地、模拟地。

ADC0808与单片机的连接比较简单，由于ADC0808的输出部分有三态锁存器，因此可以将其数据输出和单片机的P1口直接连接。启动信号START由P2.5提供，时钟信号CLOCK也由单片机的P2.4提供一个固定频率的时钟信号，转换结束信号EOC接到P2.6，单片机可以通过查询该引脚的状态来判断A/D转换是否结束。ALE直接和START相连，输出允许信号OE由P2.7控制。

将两路模拟信号接到ADC0808的IN0和IN1，将地址选择线ADDB、ADDC接地，ADDA接P3.0，由单片机控制P3.0的电平变化来选通IN0或IN1通道。P3.0为0，选通IN0；P3.0为1，则选通IN1。将模拟地和数字地一点相连，V_{REF}(+)接+5V，V_{REF}(-)接地。两路模拟信号由两个可调电阻产生。具体连接如图10-9所示。

2. 显示与通道选择电路

选用一个4合1的共阴极数码管显示器，采用动态扫描显示方式，由单片机的P0口发送数字量的字段码，由P2.0、P2.1和P2.2来作为数码管的位选线。

通道选择开关接入单片机P3.5中，单片机可以通过查询该引脚电平的高低来决定P3.0输出电平的高低，从而达到选择通道的目的。

10.3.4 软件设计

程序主要由主函数、显示子程序、ADC0808时钟信号产生子程序(定时器T0中断服务程序)组成。

在主函数中，系统根据开关信号状态的不同选择模拟量输入通道，并能发出ADC0808数据转换相应的信号(如START、OE等信号)、查询EOC状态、判断转换是否结束并读取数据。

显示子程序负责数码管显示，和先前的程序基本一样，采用动态扫描显示方式。

定时器中断服务程序负责产生一个时钟为50kHz的时钟信号，由于时钟周期为20μs，所以在程序中要每隔10μs将P2.4取反一次，因此要设置定时器的定时时间为10μs，将定时器T0的工作设置在方式2，由于单片机的主频为12MHz，所以得到时间常数为F6H。

```
//                      多路数据采集与显示程序
//                      单片机晶振主频为12MHz
#include <reg51.h>
#include <mytest.h>

#define CLOCK   P2_4                    // 定义P2.4为ADC0808的时钟信号线
#define START   P2_5                    // 定义P2.5为ADC0808的启动信号线
```

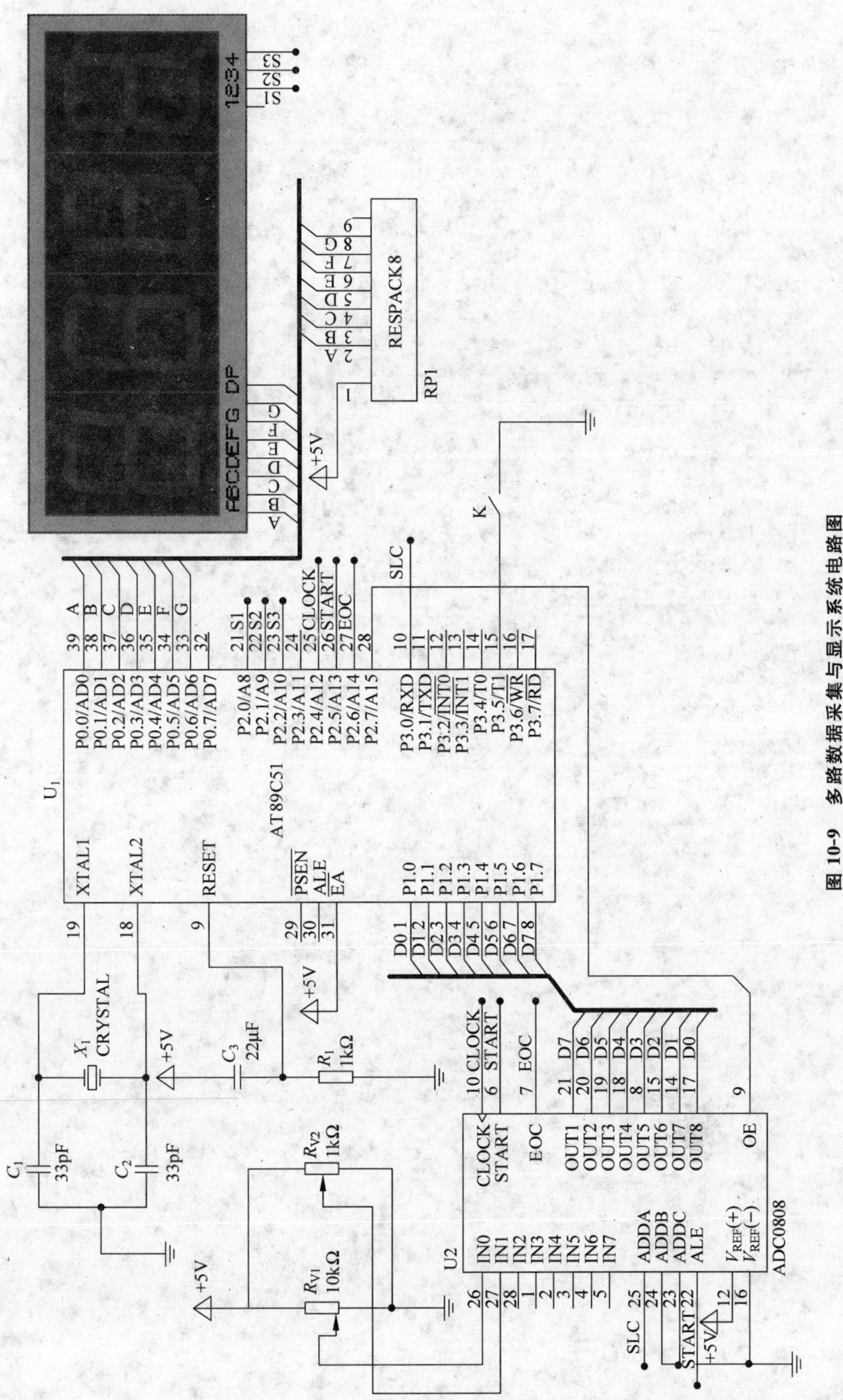

图 10-9 多路数据采集与显示系统电路图

```
#define EOC     P2_6                  // 定义 P2.6 和 ADC0808 的转换结束信号线相连
#define OE      P2_7                  // 定义 P2.7 和 ADC080 的 OE 相连

#define S1     P2_0                   // 定义 P2.0 作为显示器第 2 个数码管的位选线
#define S2     P2_1                   // 定义 P2.1 作为显示器第 3 个数码管的位选线
#define S3     P2_2                   // 定义 P2.2 作为显示器第 4 个数码管的位选线

#define SLC    P3_0                   // 模拟信号通道选择线
// 建立共阴极显示码表
unsigned char code DispTable[] = {0x3f,0x06,0x5b,0x4f,0x66,0x6d,0x7d,0x07,0x7f,0x6f};

void Delay(int Time_ms);              // 延时子程序声明
void Display(unsigned char Data);     // 显示子程序声明
void Timer0() ;                       // 定时器中断服务子程序声明

void main()
{
  unsigned char Val;                  // Val 为采集到的数字量
  TMOD = 0X02;                        // 设置定时器 T0 工作在定时器方式 2
  TH0 = 0xf6;                         // 加载时间常数
  TL0 = 0xf6;
  IE  = 0x82;                         // 定时器中断允许,总中断允许
  TR0 = 1;                            // 启动定时器 T0
  P3 = 0xff;                          // 关显示

  while(1)
  {
   if(!P3_5) SLC = 1;                 // 选择模拟通道 1
   else      SLC = 0;                 // 选择模拟通道 0

   START = 0; START = 1; START = 0;   // 发送 ADC0808 的启动信号
   while(!EOC);                       // 等待转换结束
   OE = 1;
   Val = P1;                          // 读取转换后的数字量
   OE = 0;
   Delay(200);
   Display(Val);                      // 显示结果
  }
}

// 定时器 T0 中断服务程序,主要功能是使 ADC0808 得到一个频率为 50kHz 的时钟信号
void Timer0() interrupt 1
{
   CLOCK =!CLOCK;
}

// 延时子程序
void Delay(int Time_ms)
{
```

```
    int i;
    unsigned char j;
    for(i = 0;i < Time_ms;i ++ )
        {
        for(j = 0;j < 120;j ++ )
            {
            }
        }
}
// 显示子程序,负责将显示缓冲区中的 3 个单元的数值送入显示器
void Display(unsigned char Data)
{
   unsigned char DispData1,DispData2,DispData3;

    DispData1 = Data/100;               // 取显示数据的百位数
    DispData2 = (Data % 100)/10;        // 取显示数据的十位数
    DispData3 = Data % 10;              // 取显示数据的个位数
    // 显示百位数
    P0 = (DispTable[DispData1]);
    S1 = 0; S2 = 1; S3 = 1;
    Delay(3);
    S1 = 1; S2 = 1; S3 = 1;
    // 显示十位数
    P0 = DispTable[DispData2];
    S1 = 1; S2 = 0; S3 = 1;
    Delay(3);
    S1 = 1; S2 = 1; S3 = 1;
    // 显示个位数
    P0 = DispTable[DispData3];
    S1 = 1; S2 = 1; S3 = 0;
    Delay(3);
    S1 = 1; S2 = 1; S3 = 1;
    return;
}
```

10.3.5　仿真与调试

在 Proteus 中,画出如图 10-9 所示的系统电路原理图,在 Keil μVision2 中将程序编译生成.HEX 文件,并加载到 Proteus 中单片机上,运行仿真系统。可以观察到在数码管显示器上显示出采集到的数据,单击可调电阻的+、一端改变输出电压的大小、仿真模拟信号的变化,也能观察到数码管上数据的变化。单击开关可以进行采集通道的切换。

10.4 总结

10.4.1 A/D、D/A 转换器的选择要点

1. A/D 转换器选择要点

A/D 转换器的选择主要考虑以下几个方面。

(1) 根据实际系统对数据采集精度的要求,合理确定 A/D 转换器的分辨率和精度,同时要考虑到整个模拟信号传输通道的误差。一般而言,选择分辨率高的 A/D 转换器能提高系统采集精度。

(2) 为了不失真地再现原信号,采样频率应大于或等于被测信号最高频率的 2 倍。因此在设计采样周期时,要考虑到 A/D 转换器的转换时间,特别是在采样高频信号时,低速的 A/D 转换器可能不能完成任务。

(3) 根据输入模拟电压的实际情况,如单路还是多路、单极性还是双极性以及信号幅值的大小,来选择合适的 A/D 转换器。

(4) 根据系统对 A/D 转换器输出数据形式的要求,选择并行或者串行 A/D 转换器。

2. D/A 转换器选择要点

D/A 转换器的选择主要考虑以下几个方面。

(1) 考虑输入数字信号的形式。通常情况下采用并行输入的比较多,而串行输入常用在单片机系统输出口线比较紧张的情况下,但是串行 D/A 转换器速度比较慢。

(2) 根据系统对输出模拟量精度的要求,合理选择 D/A 转换器的分辨率和转换精度。

(3) 有的 D/A 转换器内部有多个锁存器,如 DAC0832 就有二级输入锁存器,有输入锁存器的 D/A 转换器可以采用的工作方式又有单缓冲、双缓冲两种;而内部没有输入锁存器的 D/A 转换器在数据输入前要外接一个锁存器,所以要根据实际要求合理选择。

(4) D/A 转换器的模拟信号输出有电流型和电压型、单极型和双极型等形式,可以根据系统对模拟量的实际要求来确定。

10.4.2 A/D、D/A 设计要点

(1) 在 A/D、D/A 转换电路中,电源电压的变化将影响转换精度,一般要求电压的波纹小于 1%,在 A/D、D/A 芯片的电源和地之间加上旁路电容,在布线时尽量靠近 A/D、D/A 芯片。

(2) 基准电压是提供 A/D 转换器转换时的参考电压,这是保证转换精度的基本条件,在精度要求较高时,基准电压要单独用高精度稳定电源供给。

(3) 基准电源的精度直接影响 D/A 转换器的精度,在双极性 D/A 转换器中还需要稳定且精确的正、负基准电源。如果要求 D/A 转换器精确到满量程的 0.05%,则基准电

源精度至少要满足精度到 0.01%的要求。

(4) A/D、D/A 转换电路中要特别注意地线的正确连接，否则转换结果将是不准确的，干扰影响也将会很严重，A/D、D/A 转换器芯片上都提供了独立的模拟地和数字地，在线路设计中，必须将系统中所有器件的模拟地和数字地分别相连，在全部电路中模拟地与数字地仅在一点连接，在芯片和其他电路中不可再有公共点，否则数字回路通过模拟电路的地线到数字电路电源就会形成通路，数字量信息将对模拟电路产生干扰，不能完成正确的 A/D、D/A 转换。

(5) 印制电路板布线时，数字信号与模拟信号尽可能距离远些，或者将模拟输入端用地线包围起来以隔断漏电通路。

10.4.3　总结与扩展

1. A/D 转换

模拟量到数字量的转换由 A/D 转换器实现。A/D 转换器的技术指标主要有分辨率、量程、转换精度和转换时间。

2. D/A 转换

数字量到模拟量的转换由 D/A 转换器实现。D/A 转换器的技术指标主要有分辨率、转换精度和建立时间。

3. 前向数据通道

前向数据通道又称为输入通道，是被测信号传送到单片机的信号传输通道，分为模拟量输入通道和数字量输入通道。模拟量输入通道通常由传感器、信号放大与调理电路、多路开关、采样保持电路和 A/D 转换电路构成。

4. 后向数据通道

后向数据通道又称为输出通道，是单片机将控制信号发送给执行部件的信号传输通道，控制信号有数字量和模拟量两种。模拟量输出通道通常由 D/A 转换器、信号放大或驱动电路构成。

5. 采样保持器

采样保持器是确保 A/D 转换器在完成一次数据转换期间输入信号保持不变的一种器件或电路。

思考与练习 10

1. A/D 转换器有哪些技术参数？其含义是什么？
2. D/A 转换器有哪些技术参数？其含义是什么？

3. 选择 A/D、D/A 器件时要考虑哪些方面的因素?

4. 采样保持器起什么作用? 查找资料,列出 2 个以上的采样保持器的型号和主要参数。

5. 描述 D/A 转换器工作在单缓冲、双缓冲方式的过程和特点,画出 DAC0832 在这两组工作方式下与单片机的连接方式。

6. 设计一个 8 路的多路数据采集显示系统,具体要求如下。

(1) 每隔 20s 采集一路模拟电压信号,并显示在一个 3 位数码管显示器上。

(2) 模拟电压信号可以用可调电阻产生。

(3) 有 8 个 LED 指示灯,同步指示是哪一路信号被采集、显示。

画出电路图、编写程序并在 Proteus 上仿真运行。

7. 设计一个 PWM(脉冲宽度调制)波形发生器,具体要求如下。

(1) 用一个可调电阻输出的 0～5V 电压来控制输出脉冲信号的占空比,电压越大,信号的占空比就越大。

(2) 用 A/D 转换器采集电阻输出的模拟电压信号。

(3) 在 Proteus 上用虚拟示波器观察脉冲波形的变化。

画出电路图,编写程序。

8. 设计一个可变周期的正弦波信号发生器,具体要求如下。

(1) 用 D/A 转换器发出正弦波信号。

(2) 正弦波信号的周期参数是通过键盘输入得到的。

(3) 将输出的正弦波信号的频率在一个 4 位数码管显示器上显示。

(4) 正弦波频率范围为 1～10kHz。

画出电路图、编写程序并在 Proteus 上仿真运行。

第11章

综合系统设计

通过本章的学习,应该掌握：

(1) 单片机系统的设计思想和步骤

(2) 所学知识的综合应用

(3) 较复杂的单片机应用系统的设计

11.1 简易点阵广告屏的设计

11.1.1 设计任务

设计一个 16×16 的点阵 LED 显示屏，要求能够以滚动方式(从左到右)依次显示“单片机技术”5 个汉字。

11.1.2 任务分析及方案制订

16×16 的点阵 LED 显示屏实际上由 4 个 8×8 的点阵 LED 显示器 U_0、U_1、U_2 和 U_3 组成，如图 11-1 所示。其中 X00～X07、Y00～Y07 分别为 8×8 点阵 LED 显示器 U0 的行线和列线，其余 LED 显示器均类同。当向 X 行线发送显示码时(高电平为 LED 灯亮)，通过 Y 线(低电平有效)选中一行灯亮。

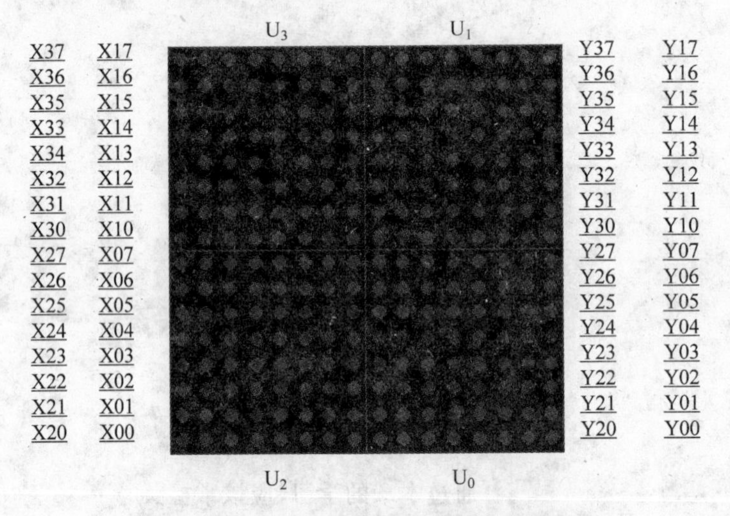

图 11-1 16×16 点阵 LED 显示屏构成示意图

要想使显示屏显示“单片机技术”5 个汉字，首先要得到这 5 个汉字的 16×16 点阵汉字字模。汉字字模得到的方法有很多，可以自己画出 16×16 方格，设计出有自己风格的汉字字模，但通常使用的方法是使用相应的字模自动生成软件得到。字模自动生成免费软件可在互联网上下载。在这里就是通过一个 16×16 点阵汉字字模自动生成软件得到了 5 个相应汉字的字模。如“单”的字模一共是 32 个字节，一列用 2 个字节表示，一共 16 列，分别如下。

```
0x00,0x10,0x00,0x10,0x1F,0xD0,0x14,0x90,0x94,0x90,0x74,0x90,0x54,0x90,0x1F,0xFF,
0x14,0x90,0x34,0x90,0xD4,0x90,0x54,0x90,0x1F,0xD0,0x00,0x10,0x00,0x10,0x00,0x00
```

另外 4 个汉字的字模数据会在下面程序中列出。

5 个汉字的显示效果如图 11-2 所示。

图 11-2 汉字显示效果示意图

16×16 的点阵 LED 显示的基本方法如下，以显示汉字“单”为例。

(1) 首先向显示器 U_3 的行线 X30～X37 发送第 1 行第一个数据“0x00”，将列线 Y30 设置为 0，然后再向显示器 U_2 的行线 X20～X27 发送第 1 行第二个数据“0x10”，将列线 Y20 设置为 0，这时 16×16 的点阵显示屏上会显示出“单”字的第 1 列信息。

(2) 依次向显示器 U_3 的行线 X30～X37 发送第 2 行数据“第一个 0x00”，将列线 Y31 设置为 0，然后再向显示器 U_2 的行线 X20～X27 发送第 2 行第二个数据“0x10”，将列线 Y21 设置为 0，这时 16×16 的点阵显示屏上会显示出“单”字的第 2 列信息。以此类推，直到显示器显示第 8 列信息。

(3) 向显示器 U_1 的行线 X10～X17 发送第 9 行第一个数据“0x14”，将列线 Y10 设置为 0，然后再向显示器 U_0 的行线 X00～X07 发送第 9 行第二个数据“0x90”，将列线 Y00 设置为 0，这时 16×16 的点阵显示屏上会显示出“单”字的第 9 列信息，再依次发送行数据和列选择信号，直到显示器显示完毕第 16 列信息。

(4) 再重复进行前 3 步的操作，利用人眼的光学暂留性和 LED 灯的余晖就能看见一个完整的“单”字。

可以这样来实现点阵显示屏上汉字滚动效果。

当第一帧数据(也就是上述的全部 32 个字节显示码)在 16 列上全部显示完毕后，下一次向显示器 U_3 的行线 X30～X37 发送的则是第 2 行第一个数据“0x00”，将列线 Y30 设置为 0，然后再向显示器 U_2 的行线 X20～X27 发送第 2 行第二个数据“0x10”，将列线 Y20 设置为 0。也就是说在显示屏的第一列上显示的是上一帧图形的第二列信息，然后在第 2 列上显示原先第 3 列的信息(0x1F，0xD0)，以此类推，在第 16 列上则显示原先第 1 列的信息。如此将 32 字节的信息滚动输出到点阵显示屏上，就可以实现汉字的滚动效果。

如果将 5 个汉字再加上 1 个空屏显示符(32 个字节的 0x00)组成一个 192 字节的显示码数组，按照上述的方法滚动输出显示，就可以得到任务要求的显示效果了。加入一个空屏显示符主要是为了达到一个满意的汉字滚动效果，首先是显示一个空屏，然后才会从左到右逐行显示一个汉字。如果直接先显示一个汉字，然后再出现滚动，效果就不如前者好。

16×16 点阵显示屏的系统设计框图如图 11-3 所示。单片机通过 P0 口向显示器发送 8 位的显示码，然后通过 P1 口发送数据，通过一个译码电路输出列线选择信号来控制

4个8×8点阵显示器的哪一个的哪一列被选中。在程序中,只要依次发送显示码并逐列发送列选信号就可以实现设计要求。

在点阵显示屏电路设计中,如果要设计的显示屏面积较大、要用到的8×8的点阵显示器模块较多时,主要需考虑的问题是逐列扫描显示的间隔时间和点阵显示器的信号驱动。如果时间过长,显示效果会不好。单片机系统输出的信号(显示码或列选信号)要经过驱动才能发送给显示模块,所以当用到大量的点阵模块时,要考虑用点阵LED专用驱动模块。

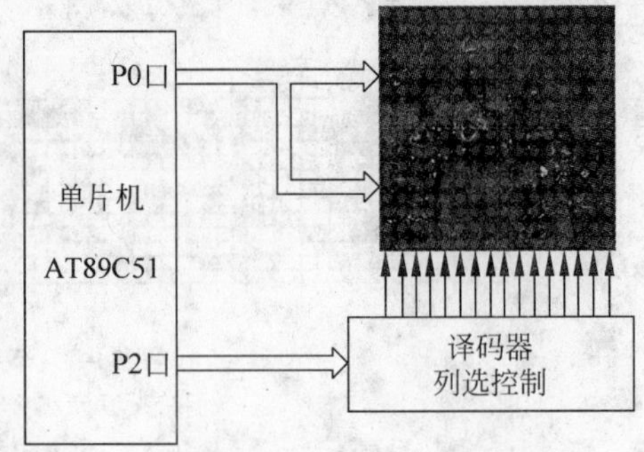

图11-3 16×16点阵显示屏的系统设计框图

11.1.3 硬件设计

16×16点阵LED显示屏的硬件电路设计如图11-4所示,其中有4片74LS138译码器用于控制4个8×8点阵显示器的列选择线,每一个74LS138有8个输出线,正好可以控制8×8点阵显示器的8列选择线。

P0口负责发送8位显示码,将4个8×8点阵显示器模块中的行线并联在一起,当单片机通过P0口发送显示码时,4个显示器模块行线上的数据是一样的,至于哪一个模块中哪一列被选中,则取决于译码器送出的列选信号。P2口中4位(P2.3~P2.6)发送译码器的信号作为点阵显示器的列选线控制信号,P2.3为高电平时,则第一个74LS138译码器U_2选通,其8根输出线分别作为8×8点阵显示器U_6的列选线;P2.4为高电平时,则第二个74LS138译码器U_3选通,其8根输出线分别作为8×8点阵显示器U_7的列选线;P2.5为高电平时,则第三个74LS138译码器U_4选通,其8根输出线分别作为显示器U_8的列选线;P2.6为高电平时,则第四个74LS138译码器U_5选通,其8根输出线分别作为显示器U_9的列选线。P2口的低三位(P2.0~P2.2)发送列选码给4个译码器。

11.1.4 软件设计

将显示屏分成左右两部分,先进行左半部显示,左半部的两个显示模块显示结束后,再进行右半部的显示。显示模块的选择主要是通过选择4个74LS138译码器来实现的。

每帧数据显示之间的间隔时间由定时器设定,每次定时中断时,在定时中断服务程序中调整显示数据数组的指针,以实现滚动效果。

由于单片机采用的晶振主频为24MHz,滚动递进的速度为n×10ms,定时器T0定时10ms,n的数值在程序中设定。

设定定时器T0工作在定时器方式1,定时时间为10ms,所以可以计算出定时时间常数为b1e 0H。

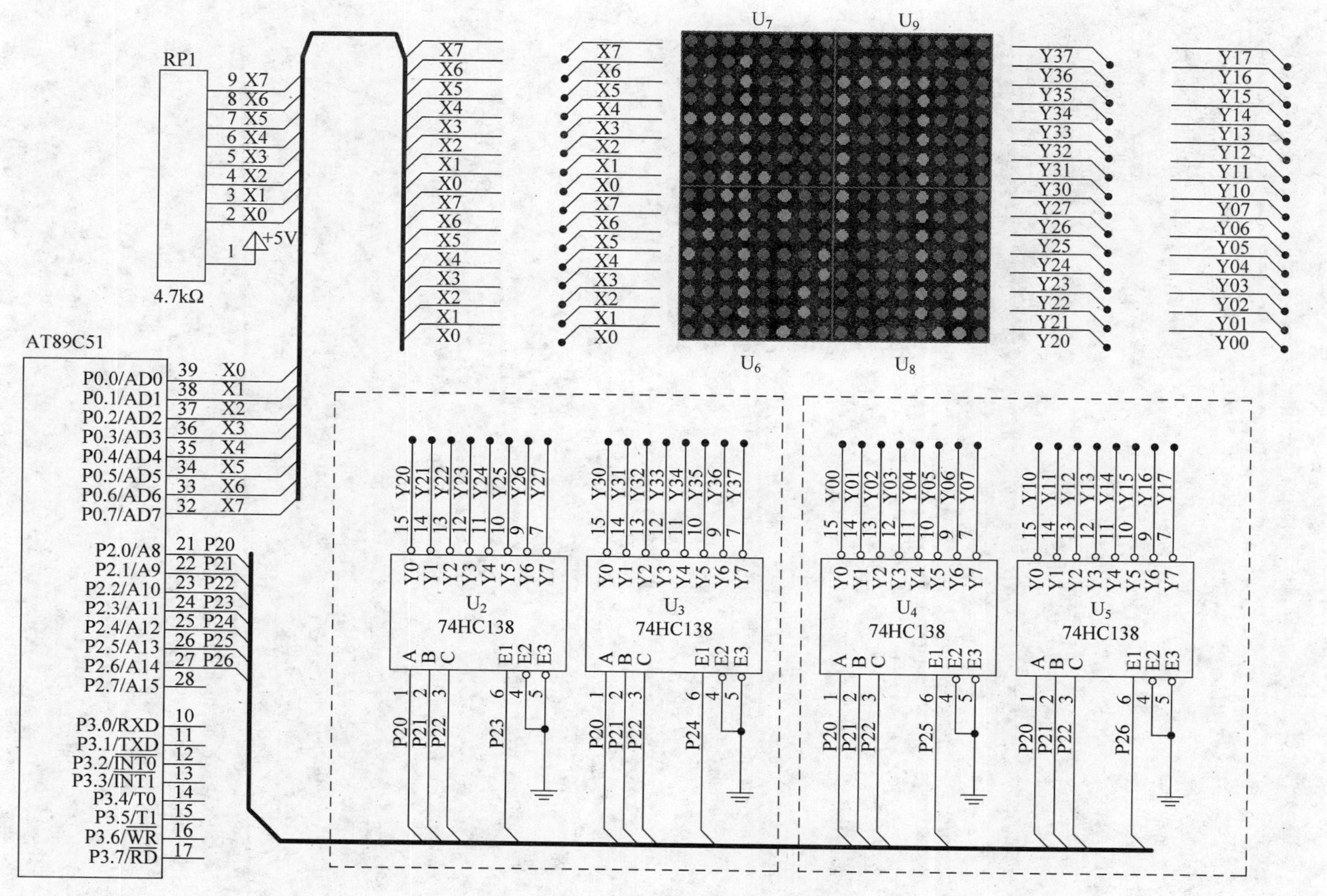

图 11-4　点阵显示屏硬件设计电路图

源程序如下。

```
//                        16×16 点阵广告屏文字滚动程序
//                        单片机主频为 24MHz
#include <reg51.h>

unsigned char n;                              //n 为字符滚动速度,n 越小滚动越快
// 建立字符显示码表,5 个汉字前后均加一个空屏符,以保证显示效果
unsigned char code table[][32] = {
{  0x00,0x00,0x00,0x00,0x00,0x00,0x00,0x00,
   0x00,0x00,0x00,0x00,0x00,0x00,0x00,0x00,
   0x00,0x00,0x00,0x00,0x00,0x00,0x00,0x00,
   0x00,0x00,0x00,0x00,0x00,0x00,0x00,0x00 }, // 无显示,空屏符

{  0x00,0x10,0x00,0x10,0x1F,0xD0,0x14,0x90,
   0x94,0x90,0x74,0x90,0x54,0x90,0x1F,0xFF,
   0x14,0x90,0x34,0x90,0xD4,0x90,0x54,0x90,
   0x1F,0xD0,0x00,0x10,0x00,0x10,0x00,0x00 }, // 单

{  0x00,0x01,0x00,0x02,0x00,0x0C,0x7F,0xF0,
   0x08,0x80,0x08,0x80,0x08,0x80,0x08,0x80,
   0x08,0x80,0xF8,0x80,0x08,0x80,0x08,0xFF,
   0x08,0x00,0x18,0x00,0x08,0x00,0x00,0x00 }, // 片

{  0x10,0x20,0x10,0xC0,0x13,0x00,0xFF,0xFF,
   0x12,0x00,0x11,0x82,0x10,0x0C,0x00,0x30,
   0x7F,0xC0,0x40,0x00,0x40,0x00,0x40,0x00,
   0x7F,0xFC,0x00,0x02,0x00,0x1E,0x00,0x00},  // 机

{  0x10,0x80,0x10,0x82,0x11,0x01,0xFF,0xFE,
   0x12,0x00,0x14,0x02,0x00,0x02,0x13,0x04,
   0x12,0xC8,0x12,0x30,0xFE,0x30,0x12,0x48,
   0x13,0x84,0x12,0x06,0x10,0x04,0x00,0x00 }, // 技

{  0x08,0x08,0x08,0x08,0x08,0x10,0x08,0x20,
   0x08,0x40,0x09,0x80,0x0A,0x00,0xFF,0xFE,
   0x0A,0x00,0x09,0x00,0x48,0x80,0x28,0x60,
   0x08,0x30,0x08,0x18,0x08,0x10,0x00,0x00 }, // 术

{  0x00,0x00,0x00,0x00,0x00,0x00,0x00,0x00,
   0x00,0x00,0x00,0x00,0x00,0x00,0x00,0x00,
   0x00,0x00,0x00,0x00,0x00,0x00,0x00,0x00,
   0x00,0x00,0x00,0x00,0x00,0x00,0x00,0x00 }  // 无显示,空屏符
};

void delay(void);                             // 延时子程序声明
void timer0();                                // 定时器 T0 中断服务程序声明
unsigned int offset;                          // 设置取字符显示码的偏移量

void main(void)
{
```

```
    unsigned char i;
    unsigned char * p;
    offset = 0;
    n = 0;
    TMOD = 0x01;                              // 使用定时器T0,工作方式1,定时10ms
    TH0 = 0xb1;                               // 加载定时器T0时间常数
    TL0 = 0xe0;
    ET0 = 1;                                  // 定时器T0中断允许
    EA = 1;                                   // 总中断允许
    TR0 = 1;                                  // 启动定时器T0

    p = &table[0][0];                         // 将指针指向字符显示码表头

// 逐行扫描显示
    while (1)
    {
      for (i = 0; i<8; i ++)                  // 显示左半部屏幕
      {
        P0 = * (p + offset + 2 * i);          // 取字符显示码表中上半列显示码
        P2 = i|0x10;                          // P2.4=1,选中U3,输出扫描码给U7
        delay();                              // 延时

        P0 = * (p + offset + 2 * i + 1);      // 取字符显示码表中下半列显示码
        P2 = i|0x08;                          // P2.3=1,选中U2,输出扫描码给U6
        delay();
      }
      for (i = 8; i<16; i ++)                 // 显示右半部屏幕
      {
        P0 = * (p + offset + 2 * i);          // 取字符显示码表中上半列显示码
        P2 = (i - 8)|0x40;                    // P2.6=1,选中U5,输出扫描码给U9
        delay();

        P0 = * (p + offset + 2 * i + 1);      // 取字符显示码表中下半列显示码
        P2 = (i - 8)|0x20;                    // P2.5=1,选中U4,输出扫描码给U8
        delay();
      }
    }
}

void delay(void)                              // 延时子程序
{
  unsigned int i;
  for (i = 0;i < 50;i ++ ) ;
}
// 定时器T0中断服务程序,主要功能是实现字符滚动效果
void timer0( ) interrupt 1 using 3
{
  TH0 = 0xb1;                                 // 重新加载时间常数
  TL0 = 0xe0;
  if (n<10)                     // n调节字运动速度,n越小越快
  {
```

```
    n++;
  }
  else
  {
   offset += 2;                // 将第二行显示码作为第一行显示,实现文字移动
   if (offset > 192) offset = 0;// 是否到字符显示码表的最后一个显示码,是则回到第 0 个
   n = 0;
   }
}
```

11.2 可调整的电子钟的设计

11.2.1 设计任务

设计一个 6 位显示的电子钟,有 3 个按键可以进行时钟的调整,具体要求如下。

(1) 可以显示时、分、秒。

(2) 当按下调整按键后,进入调整状态,调整指示灯亮起、指示当前状态。按下时调整按键,时值加 1;按下分调整按键,分值加 1。当再次按下调整按键时,结束调整状态,电子钟进入正常工作状态,调整指示灯熄灭。

(3) 在正常工作状态下,对时、分调整按键不响应。

11.2.2 任务分析及方案制订

从设计任务来看,电子钟应该有 6 位 7 段 LED 数码管作为时分秒的显示器,有 3 个按键,分别作为调整键、时调整键和分调整键。这个电子钟系统可以分为显示、计时和调整 3 个部分。

1. 显示部分

电子钟需要显示 2 位的时、2 位的分和 2 位的秒数值,所以至少需要 6 个 7 段数码管显示器。在设计中选用了 6 合 1 的共阴极数码管,只需要向数码管的段位口发送要显示的段位码并发送相应的字位码就可以决定哪一位数码管显示字符。在显示方式上,采用动态扫描显示法。

2. 计时部分

要使电子钟能精确地进行计时显示,则单片机系统内部要求有一个精确的时钟信号发生器。可以将单片机中的定时器 T0 设置成 10ms 的定时器来实现,每 100 次定时中断结束,秒计数器加 1;当秒计数到 60 时,秒计数器清零,分计数器加 1;当分计数到 60 时,分计数器清零,小时计数器加 1;当小时计数器计到 24 时,小时计数器清零。这样就可以实现计时功能。

3. 调整部分

在电子钟运行过程中，调整信号可能随机发出，所以调整按键是通过单片机的外部中断向单片机发出调整请求的。由于系统设计要求在调整键按下后进入调整状态，再次按下调整键则退出调整状态，只有在调整状态下，可以对时、分值进行加 1 处理，所以要在程序中设置一个标志 flag，每一次调整键按下，flag 都会取反一次，系统能否对分、时调整键进行响应取决于 flag 的值。

11.2.3　硬件设计

电子钟电路设计如图 11-5 所示，其中显示器选用的是 6 合 1 的共阴极数码管模块。单片机通过 P0 口发送显示器的字段码，字段码信息经过 74LS245 驱动后发给显示器的字段码口。

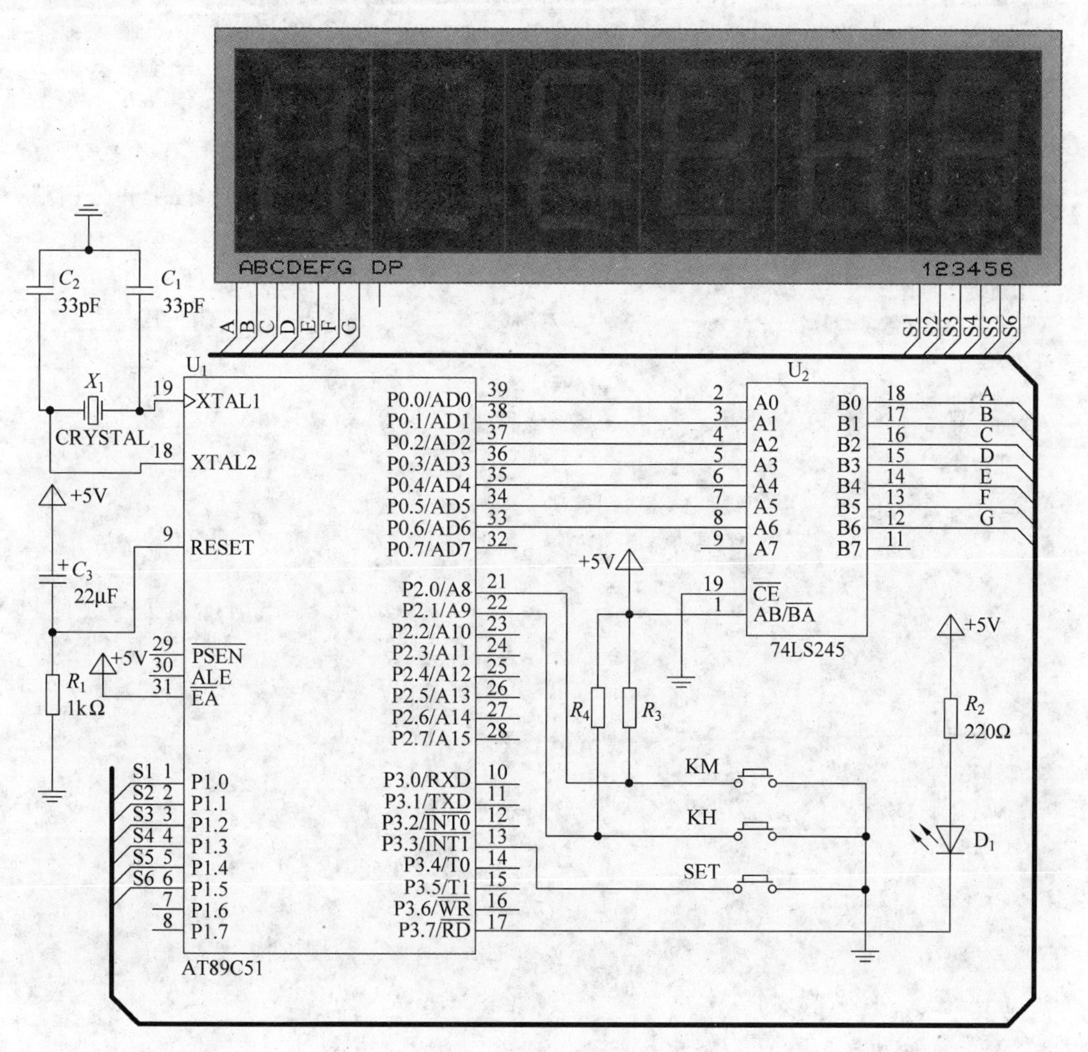

图 11-5　电子钟电路设计图

74LS245是8位同相三态双向总线收发器，可双向传输数据，常用来驱动LED或者其他设备，当8051单片机的P0口总线负载达到或超过P0最大负载能力时，必须接入74LS245等总线驱动器加以信号驱动。其中CE为片选信号，低电平有效，所以在使用时可以直接接地。AB端接高电平，表示数据是从A端发送到B端。

数码管显示的位选信号由单片机P1口的P1.0～P1.5控制，低电平选通。

分调整按键和时调整按键分别接到入单片机的P2.0和P2.1，调整按键接单片机的INT1端，按键按下时，产生外部中断请求信号。

11.2.4 软件设计

电子钟的工作方式的切换是由外部中断服务程序来实现的，当调整按键按下时，按键电路向单片机发出外部中断请求信号INT1，在中断服务程序中，只需要改变工作状态标志就可以了，在单片机主函数中会根据该标志实现相应的操作。

定时器T0被设置为定时器，每10ms产生一次定时中断。在定时器中断服务程序中，只需要对定时中断计数，每100次中断产生则意味着定时时间为1s。在该中断服务程序中，可以很容易地实现秒计数(60进制)、分计数(60进制)和小时计数(24进制)。

在主函数中，根据工作状态标志进入不同的工作状态，在正常的计时工作状态下，只需要将相应的时、分、秒送显示即可；而在调整状态下，则分别查询时调整按键和分调整按键的状态，分别对时、分计数值加1就可以了。

源程序如下。

```
//                          可调整的电子钟程序
//                          单片机晶振主频为12MHz

#include<AT89X51.h>             //采用AT89X51.h头文件,主要是因为该文件中对
                                //各并行端口中的各位做了说明

unsigned char hour, minute, second; //定义小时,分钟,秒变量
unsigned char flag;      //flag为工作状态标志,1表示处于调整状态,0表示在工作状态
unsigned char n;         //定时器T0定时结束计数值,当n为100时,定时时间为1s

//定义0～9数字的共阴极字段码表
unsigned char code Ledcode[10] = {0x3f,0x06,0x5b,0x4f,0x66,0x6d,0x7d,0x07,0x7f,0x6f};


void Delay(int Time);    //延时子程序声明
void Display();          //显示子程序声明
void timer0() ;          //定时器T0中断服务程序声明
void SetTimer() ;        //调整键中断服务程序声明

void main(void)
{
   hour = 0;             //初始化,时、分、秒为0
   minute = 0;
   second = 0;
   flag = 0;             //正常工作状态
```

```
    P3_7 = 1;                              // 调整指示灯灭
    P2 = 0xff;
    P0 = 0x00;                             // 显示器不显示
    P1 = 0xff;

    TMOD = 0x01;                           // 设置定时器T0工作在定时器方式1
    TH0 = 0xd8;                            // 加载时间常数,定时时间10ms
    TL0 = 0xf0;
    ET0 = 1;                               // 定时器中断允许
    EA = 1;                                // 总中断允许
    TR0 = 1;                               // 启动定时器T0
    IT1 = 1;                               // 设置外部中断INT1的触发方式为边沿触发
    EX1 = 1;                               // 外部中断INT1允许
    while(1)
     {
      if(flag == 1)                        // 如果flag为1,进入调整状态
       {
         if ( P2_0 == 0)                   // 如果分按键按下,进行分调整
          {
            while(!P2_0);                  // 按键是否释放,没有则等待
            minute ++ ;                    // 按键释放后,分计数值加1
            if( minute > 59) minute = 0;   // 如果分计数值超过59,则回零
          }
         if (P2_1 == 0)                    // 如果时按键按下,进行时调整
          {
            while(!P2_1);                  // 按键是否释放,没有则等待
            hour ++ ;                      // 时计数值加1
            if(hour > 23)  hour = 0;       // 如果时计数值超过23,则回零
          }
      }
      Display();                           // 显示时间
     }
}
void Delay(int Time)                       // 延时子程序
{
    int i, j;
    for(i = 0;i < Time;i ++ )
       {
        for(j = 0;j < 120;j ++ )
          {
           }
        }
}

void Display()                             // 6位数码管显示子程序,动态扫描显示方式
{
          // 显示小时的十位数
          P0 = Ledcode[hour/10];
          P1 = 0xfe;
          Delay(1);
          P1 = 0xff;
          // 显示小时的个位数
          P0 = Ledcode[hour % 10];
          P1 = 0xfd;
```

```
        Delay(1);
        P1 = 0xff;
        //显示分钟的十位数
        P0 = Ledcode[minute/10];
        P1 = 0xfb;
        Delay(1);
        P1 = 0xff;
        //显示分钟的个位数
        P0 = Ledcode[minute%10];
        P1 = 0xf7;
        Delay(1);
        P1 = 0xff;
        //显示秒的十位数
        P0 = Ledcode[second/10];
        P1 = 0xef;
        Delay(1);
        P1 = 0xff;
        //显示秒的个位数
        P0 = Ledcode[second%10];
        P1 = 0xdf;
        Delay(1);
        P1 = 0xff;
}
//定时器T0的中断服务程序,主要功能是实现时、分、秒的计数
void timer0() interrupt 1 using 3
{
   n++;                        //中断次数加1
   if(n==100)                  //判断定时是否到1s,即100个10ms的定时
    {
      n=0;                     //定时器T0中断结束计数值回零
      second++;                //秒计数值加1
      if(second>=60)           //秒计数值如果到60,则秒计数值回零,分计数值加1
        {
          second = 0;
          minite++;
          if(minite>=60)       //如果分计数值到60,则分计数值回零,时计数值加1
            {
              minite = 0;
              hour++;
              if(hour>=24) hour = 0;  //如果时计数值到24,则时计数值回零
            }
        }
    }

   TH0 = 0xd8;                 //重新加载时间常数
   TL0 = 0xf0;
}
//调整键中断程序服务,主要功能是设置工作状态标志
void SetTimer() interrupt 2  using 1
{
   flag =!flag;                //每按下一次调整按键,工作状态切换一次
   P3_7 =!P3_7;                //状态指示灯状态切换
}
```

11.3 温度检测与显示系统的设计

11.3.1 设计任务

设计一个温度检测与显示单片机系统，具体要求如下。

(1) 可以采集到温度传感器传来的温度值。

(2) 可以在一个 3 位的数码管显示器上实时显示当前采集到的温度值。温度范围为 0～255℃，显示精度为 1℃。

(3) 可以通过键盘设置极限温度值，当采集到的温度值超过了极限值时，系统通过 LED 灯报警。

11.3.2 任务分析及方案制订

温度检测与显示系统由温度采集、键盘输入、显示和报警几个部分组成。

1. 温度采集

要采集的温度值可通过一个温度传感器得到，通常是由一个温度传感器和一个数据变送器组成一个温度采集通道。温度传感器是将温度转变成相对应的模拟电压量或电流量，而变送器则是将该电压量或电流量通过运算放大电路转变成 A/D 转换器能接受的量。如在本设计中，假设要采集的温度范围为 0～255℃，变送器输出的电压范围为 0～5V。为了便于系统仿真，在电路设计使用一个可变电阻来代替温度传感器和变送器，可以通过可变电阻得到 0～5V 的电压量。ADC0808 转换器实现模拟量到数字量的转换，并将数据发送给单片机。

2. 键盘输入

可以通过键盘预设极限温度值，则需要 0～9 十个按键，考虑到在按键时可能会误操作，所以要设定一个清除键，将误输入的数值清除，还需要一个确定键，只有在按下确定键后，系统才能进行数据的采集和显示工作，所以键盘至少需要 12 个按键。在本设计中选用了 4×4 的行列式键盘。

3. 显示与报警

在设定好极限温度值后，只需要将采集到的温度值和极限温度值比较，如果超限，则发送一个信号给 LED 灯，使之点亮，即可实现报警功能。

温度显示可以用一个 4 合 1 的 7 段共阴极数码管来作为显示器，采用动态扫描显示方式显示温度值。

11.3.3 硬件设计

温度采集与显示系统的电路设计如图 11-6 所示。

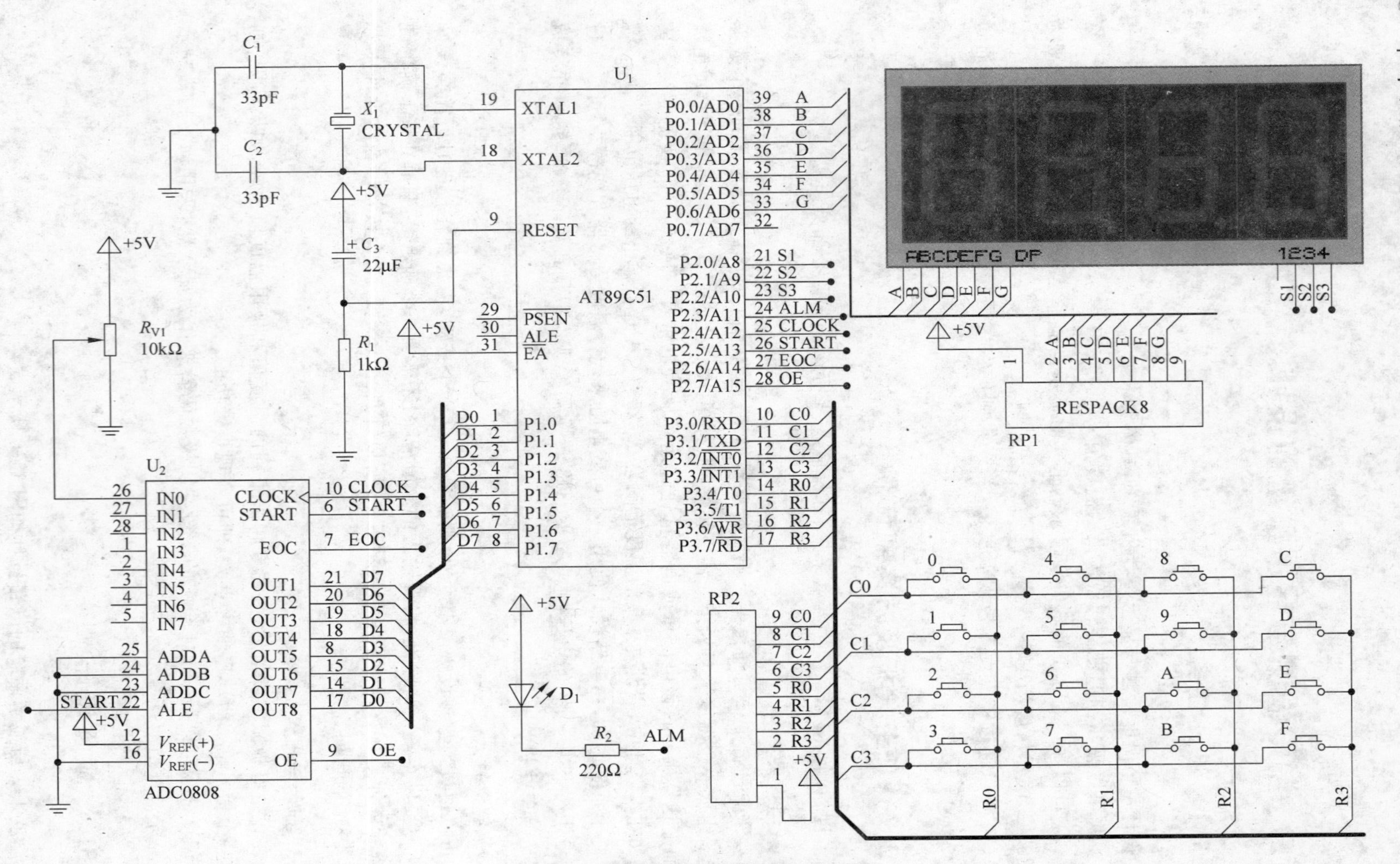

图 11-6 温度采集与显示系统电路设计图

1. 温度采集电路部分

温度信号可通过一个可调电阻得到，该信号接到 ADC0808 的通道 0 中，ADC0808 的三位地址 ADDA、ADDB、ADDC 均接地。单片机通过内部定时器产生 A/D 转换器的时钟信号，并由 P2.4 发送给 ADC0808。ADC0808 的 START 和 ALE 接单片机的 P2.5，EOC 接单片机的 P2.6，OE 接 P2.7。ADC0808 的数据输出接单片机的 P1 口。

2. 显示与报警电路部分

单片机通过 P0 口向数码管发送字段码，P2.0、P2.1、P2.2 作为字位选择接数码管的第 2、3、4 位，第一位数码管没有使用。

LED 报警灯由 P2.3 来控制，P2.3 输出高电平，LED 灯灭；反之，LED 灯亮。

3. 键盘接口电路部分

将单片机的 P3 口作为 4×4 行列式键盘的行线和列线。

11.3.4 软件设计

程序中用到了键盘行扫描模块、数据采集模块和显示模块。这些模块在前面的章节中都已经讲解过，在这里就不详细叙述了。

本程序的主要流程如图 11-7 所示。

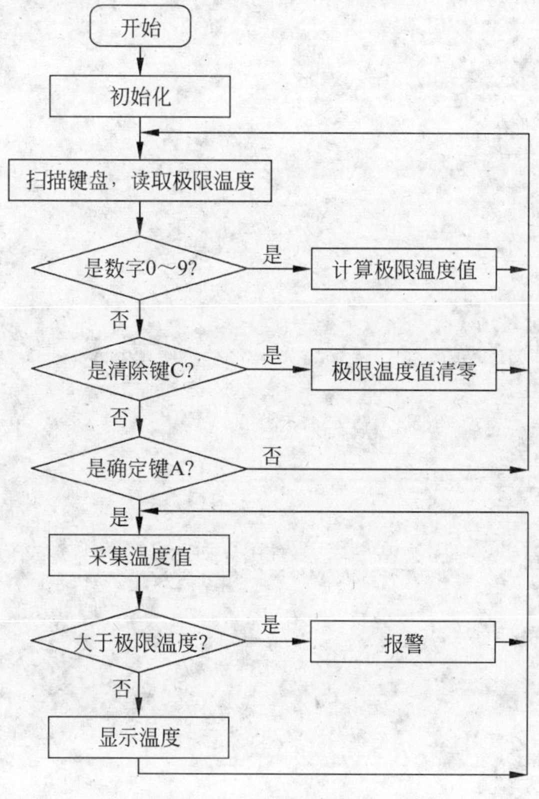

图 11-7　程序流程图

在键盘扫描时，由于要等待按键，而且显示器采用的是动态扫描显示，所以在等待过程中，显示器不能实时显示数据。为了解决这个问题，在键盘扫描程序中加入显示子程序，这样即便在等待时显示器也能保持显示。

源程序如下。

```
//                    温度采集与显示程序
//                    单片机晶振主频为 12MHz

#include <AT89X51.h>

// 定义显示器字位选择线
#define S1      P2_0
#define S2      P2_1
#define S3      P2_2
// 定义 LED 报警灯控制线
#define ALM     P2_3
// 定义 ADC0808 控制信号线
#define CLOCK   P2_4
#define START   P2_5
#define EOC     P2_6
#define OE      P2_7
// 定义键盘列扫描线
#define KeyR0   P3_4
#define KeyR1   P3_5
#define KeyR2   P3_6
#define KeyR3   P3_7

unsigned char KeyScan(void );              // 键盘扫描子程序声明
void Delay(unsigned char Time_ms);         // 延时子程序声明
void Display(void);                        // 显示子程序声明
unsigned char GetTemp();                   // 温度采集子程序声明
void Timer0();                             // 定时器 T0 中断服务子程序声明

// 定义 0～9 共阴极数码管字段码表
unsigned char code DispTable[] = {0x3f,0x06,0x5b,0x4f,0x66,0x6d,0x7d,0x07,0x7f,0x6f};
// 建立显示缓冲区
unsigned char DispData[] = {0,0,0};

void main()
{
  unsigned char Val,Keycode,LamTemp;     // Val 为采集到的温度值,Keycode 为键码
                                         // LamTemp 为极限温度值
  TMOD = 0X02;                           // 设置定时器 T0,定时器方式 2
  TH0 = 0x14;                            // 加载时间常数
  TL0 = 0x14;
  IE  = 0x82;                            // 中断允许
  TR0 = 1;                               // 启动定时器 T0
```

```
  ALM = 1;                                      // 报警灯灭
  P0 = 0x00;                                    // 不显示
  S1 = 1;S2 = 1;S3 = 1;
  LamTemp = 1;                                  // 极限温度值为 0
  Display();                                    // 显示数据
  do                                            // 从键盘输入极限温度值
  {
    Keycode = KeyScan();                        // 键盘扫描,得键码
    if(Keycode == 0x0c)                         // 按键为 C,则将极限温度值清零
    {                                           // 将显示缓冲区清零
     LamTemp = 0;
     DispData[0] = 0;
     DispData[1] = 0;
     DispData[2] = 0;
    }
    else if ( Keycode == 0x0a )  goto tt;       // 按键为 A(确定键)则开始采集温度
    else  if ( Keycode <= 9)                    // 按键为数字键,则在显示缓冲区相应单元
    {                                           // 填入极限温度值的百、十、个位数字
     DispData[0] = DispData[1];                 // 百位
     DispData[1] = DispData[2];                 // 十位
     DispData[2] = Keycode;                     // 个位
     LamTemp =  DispData[0] * 100 + DispData[1] * 10 + DispData[2];  // 计算极限温度值
     Display();                                 // 显示极限温度
    }
  }while(1);
tt:
  while(1)
  {
   Val = GetTemp();                             // 采集温度
   if( Val > LamTemp ) ALM = 0;                 // 如果温度大于极限温度值,则报警灯亮
   else ALM = 1;                                // 否则,报警灯灭

   // 计算出温度值的百位、十位、个位值,并填入相应的显示缓冲单元中
   DispData[0] = Val/100;
   DispData[1] = (Val % 100)/10;
   DispData[2] = Val % 10;

   Display();                                   // 显示温度值
  }
}

// ADC0808 数据采集子程序
unsigned char GetTemp()
{
  unsigned char Temp;

   START = 0; START = 1; START = 0;             // 发送启动信号
   while(!EOC);                                 // 等待数据转换结束
```

```
    OE = 1;
    Temp = P1;                          // 读取采集的数据
    OE = 0;
    Delay(4);
    return (Temp);                      // 返回采集的数据
}

// 键盘行扫描子程序
unsigned char KeyScan(void )
{
   unsigned char KeyCode;
   unsigned char KeyTemp;

    do                                  // 判断是否有键按下
      {
         Display( );                    // 显示显示缓冲区的值,若无此语句,显示效果不好
         P3 = 0xff;
         KeyR0 = 0;
         KeyR1 = 0;
         KeyR2 = 0;
         KeyR3 = 0;
         KeyTemp = (~(P3)) & 0x0f;
      } while ( !KeyTemp );             // 若无键按下则等待

      Delay(20);                        // 延时,去抖

     /********************* 扫描第一列 **********************/
     KeyR0 = 0;
     KeyR1 = 1;
     KeyR2 = 1;
     KeyR3 = 1;
     KeyTemp = (~(P3)) & 0x0f;

    switch(KeyTemp)
    {
      case 1:
              KeyCode = 0x00;
              goto exit ;
      case 2:
              KeyCode = 0x01;
              goto exit;
      case 4:
              KeyCode = 0x02;
              goto exit;
      case 8:
              KeyCode = 0x03;
              goto exit;
      default:
              break;
```

```
}

/************************ 扫描第二列 ************************/
 KeyR0 = 1;
 KeyR1 = 0;
 KeyR2 = 1;
 KeyR3 = 1;
 KeyTemp = (~(P3)) & 0x0f;

switch(KeyTemp)
{
  case 1:
          KeyCode = 0x04;
          goto exit;
  case 2:
          KeyCode = 0x05;
          goto exit;
  case 4:
          KeyCode = 0x06;
          goto exit;
  case 8:
          KeyCode = 0x07;
          goto exit;
  default:
          break;
}

/********************* 扫描第三列 ******************/
 KeyR0 = 1;
 KeyR1 = 1;
 KeyR2 = 0;
 KeyR3 = 1;
 KeyTemp = (~(P3)) & 0x0f;

switch(KeyTemp)
{
  case 1:
          KeyCode = 0x08;
          goto exit;
  case 2:
          KeyCode = 0x09;
          goto exit;
  case 4:
          KeyCode = 0x0a;
          goto exit;
  case 8:
          KeyCode = 0x0b;
          goto exit;
  default:
```

```
            break;
    }
    /********************* 扫描第四列 ******************/
     KeyR0 = 1;
     KeyR1 = 1;
     KeyR2 = 1;
     KeyR3 = 0;
     KeyTemp = (~(P3)) & 0x0f;

    switch(KeyTemp)
    {
      case 1:
            KeyCode = 0x0c;
            break;
      case 2:
            KeyCode = 0x0d;
            break;
      case 4:
            KeyCode = 0x0e;
            break;
      case 8:
            KeyCode = 0x0f;
            break;
      default:
            break;
    }
exit:
    do                              // 判断键是否被释放
    {           KeyR0 = 0;
                KeyR1 = 0;
                KeyR2 = 0;
                KeyR3 = 0;
                KeyTemp = (~(P3)) & 0x0f;
     } while ( KeyTemp );           // 若按键没有被释放,等待

     Delay(40);
     return (KeyCode);              // 返回键码

}


// 延时子程序
void Delay(unsigned char Time_ms)
{
   unsigned char i;
   unsigned int  j;

   for(i = 0;i < Time_ms;i ++ )
      {
```

```
        for(j = 0;j < 123;j ++ )
          {
            }
        }
}

// 显示子程序,将显示缓冲区中的数据送显示
void Display(void)
{
   S1 = 1; S2 = 1; S3 = 1;
   // 显示百位数
   P0 = (DispTable[DispData[0]]);
   S1 = 0;
   Delay(3);
   S1 = 1;
   // 显示十位数
   P0 = DispTable[DispData[1]];
   S2 = 0;
   Delay(3);
   S2 = 1;
   // 显示个位数
   P0 = DispTable[DispData[2]];
   S3 = 0;
   Delay(30);
   S3 = 1;
   return;
}

// 定时器 T0 的中断服务程序,主要是用于产生 ADC0808 的时钟信号
void Timer0() interrupt 1
{
   CLOCK =!CLOCK;
}
```

11.4 总结

单片机应用系统设计的一般步骤如下。

1. 认真审题,分析技术指标

接到一个单片机项目之后,不要就马上动手设计电路、编写程序,而是仔细研究题目的要求、各项技术指标的含义,把系统应该具备的主要功能搞清楚,这是最关键的工作。

如果对设计任务或者要完成的功能不是很清楚,一定要向相关人员问清楚,否则事倍功半。在设计完成之后却发现有些功能需要重新设计将会很麻烦,有些需要增加的功能可能由于没有事先考虑周全而无法实现。这样就会造成设计周期长、成本提高等问题。

2. 提出设计方案

分析、理解设计要求后,就可以进行方案设计和方案论证了。可以先查阅相关参考资料,确定一个较合适的设计方案。在方案规划中,要合理分配软硬件实现的功能。

3. 画出电路原理图

将设计方案按照功能划分若干个功能模块,最好参考已经定型的标准电路模块,这样可以降低工作的复杂性,使硬件电路设计变得比较简单、容易实现。如系统中需要键盘,则可以根据按键的多少,选择独立式键盘或者是行列式键盘,单片机的键盘接口电路一般都是一样的,可以参考本教材中提供的标准电路来设计键盘接口电路。

单片机硬件电路的设计在很大程度上是将各种标准的电路模块按照设计要求进行拼装,从某种角度而言,现在的电路设计就是一种"搭积木"的过程。因此设计者最好仔细研究系统中要使用的芯片的数据手册,一般都有该芯片的标准接口电路可供设计参考。

4. 编写程序

根据方案要求,将程序分成主模块程序和各个子功能模块程序。根据每个功能模块要实现的任务编写出程序模块,而主模块的功能就是按照系统的任务调用这些子模块。

5. 调试与仿真

在仿真调试环境下(如 Proteus、Keil μVision 等)进行电路原理图的绘制、程序的编写、编译和调试工作,观察仿真运行结果,分析出现的问题,修改硬件电路或程序,直到满足要求。

6. 制作电路板、焊接芯片

将电路原理图转变为电路版图(PCB),制作好电路板后,将元器件焊接到电路板上。

7. 下载程序、联机调试

通过编程器,将调试好的程序代码(.HEX 文件)下载到单片机内部的程序存储器中,或单片机系统中的程序存储器中,给系统加电,实际运行并观察效果。

思考与练习 11

1. 在简易点阵广告屏的设计中,为什么在字符码表前后各加了 1 组空屏显示码?空屏显示码的主要作用是什么?如果只加一个效果又如何,修改程序并仿真。修改程序中定时器 T0 的时间常数,观察显示效果,说明定时时间的长短对显示效果的影响。

2. 在电子钟设计中,将显示器从 6 位改为 8 位,在时、分、秒之间显示"-",如"12-38-00",修改电路和程序,实现要求。

3. 在温度采集与显示设计中,如果不在键盘扫描程序模块中调用显示子程序,而是在设计采用静态显示方式,如何修改硬件电路和软件?如果键盘采用中断方式,又如何修改电路和软件?

4. 设计一个万年历。要求能显示年、月、日和星期，也能显示时、分、秒，用按键做这两种显示状态的切换，采用数码管显示器。

5. 简易频率计的设计。要求能实时显示外部接入信号源的频率，显示范围 0～999999Hz。

6. 用 2 个 8×8 的点阵 LED 构成一个显示器，要求能够滚动显示一个从右向左移动的箭头。画出电路设计图、编写程序，并仿真运行。

7. 设计一个可以控制直流电机转速和正反转的电机控制器，主要功能如下。

(1) 电机的转速可由键盘输入，转速值为 0～100 转/分。

(2) 能显示当前的转速。

(3) 转速用 PWM 波控制，将 PWM 信号的占空比分为 100 个等级，从 0 到 100%，对应转速值 0～100 转/分。

(4) 用一个开关控制电机的正反转，并由一个 LED 灯指示。

画出电路设计图、编写程序并仿真运行。

附表1

Proteus 元件分类目录

元件分类	元件子类
模拟芯片(Analog ICs)	放大器(Amplifiers) 比较器(Comparators) 显示驱动器(Display Drivers) 过滤器(Filters) 数据选择器(Multiplexers) 稳压器(Regulators) 定时器(Timers) 基准电压(Voltage References) 杂类(Miscellaneous)
电容(Capacitors)	可动态显示充放电(Animated)电容 音响专用轴线(Audio Grade Axial)电容 轴线聚苯烯(Axial Lead Polypropene)电容 轴线聚苯乙烯(Axial Lead Polystyrene)电容 陶瓷圆片(Ceramic Disc)电容 去耦片状(Decoupling Disc)电容 普通(Generic)电容 高温径线(High Temp Radial)电容 高温轴线电解(High Temperature Axial Electrolytic)电容 金属化聚酯膜(Metallised Polyester Film)电容 金属化聚烯(Metallised Polypropene)电容 金属化聚烯膜(Metallised Polypropene Film)电容 小型电解(Miniture Electrolytic)电容 多层金属化聚酯膜(Multilayer Metallised Polyster Film)电容 聚酯膜(Mylar Film)电容 镍栅(Nickel Barrier)电容

续表

元件分类	元件子类
电容(Capacitors)	无极性(Non Polarized)电容 聚酯层(Polyster Layer)电容 径线电解(Radial Electrolytic)电容 树脂蚀刻(Resin Dipper)电容 钽珠(Tantalum Bead)电容 可变(Variable)电容 VX 轴线电解(VX Axial Electrolytic)电容
连接器(Connectors)	音频(Audio)接口 D型(D-Type)接口 双排插座(DIL) 插头(Header Blocks) PCB 转接器(PCB Transfer) 带线(Ribbon Cable) 单排插座(SIL) 连线端子(Terminal Blocks) 杂类(Miscellaneous)
数据转换器(Data Converters)	模/数转换器(A/D Converters) 数/模转换器(D/A Converters) 采样保持器(Sample & Hold) 温度传感器(Temperature Sensors)
调试工具(Debugging Tools)	断点触发器(Breakpoint Trigger) 逻辑探针(Logic Probes) 逻辑激励源(Logic Stimuli)
二极管(Diodes)	整流桥(Bridge Rectifiers) 普通(Generic)二极管 整流管(Rectifiers) 肖特基(Schottky)二极管 开关管(Switching) 隧道(Tunnel)二极管 变容(Varicap)二极管 齐纳(Zener)二极管
ECL 10000 系列(ECL series)	各种常用集成电路
机电类(Electron mechanical)	各类直流和步进电机
电感(Inductors)	普通(Generic)电感 贴片式电感(SMT Inductors) 变压器(Transformers)
拉普拉斯变换(Laplace Transformation)	一阶(1st Order)模型 二阶(2nd Order)模型 控制器(Controllers) 非线性模式(Non-Linear) 算子(Operators) 极点/零点(Poles/Zones) 符号(Symbols)

续表

元件分类	元件子类
存储芯片(Memory ICs)	动态数据存储器(Dynamic RAM) 电可擦除可编程存储器(EEPROM) 可擦除可编程存储器(EPROM) I^2C 总线存储器(I^2C Memories) SPI 纵向存储器(SPI Memories) 存储卡(Memory Cards) 静态数据存储器(Static Memories)
微处理器芯片(Microprocessor ICs)	68000 系列(68000 Family) 8051 系列(8051 Family) ARM 系列(ARM Family) AVR 系列(AVR Family) Parallax 公司微处理器(BASIC Stamp Modules) HCF11 系列(HCF11 Family) PIC12 系列(PIC12 Family) PIC16 系列(PIC16 Family) PIC18 系列(PIC18 Family) Z80 系列(Z80 Family) CPU 外设(Peripherals)
杂项(Miscellaneous)	含天线、电池、晶振、保险管、模拟电压与电流符号、交通信号灯、串行物理接口模型、ATA/IDE 硬盘驱动模型
建模源(Modelling Primitives)	模拟(仿真分析)(Analogy(SPICE)) 数字(缓冲器与门电路)(Digital(Buffers & Gates)) 数字(杂项)(Digital(Miscellaneous)) 数字(组合电路)(Digital(Combinational)) 数字(时序电路)(Digital(Sequential)) 混合模式(Mixed Mode) 可编程逻辑器件单元(PLD Elements) 实时激励源(Realtime(Actuators)) 实时指示器(Realtime(Indictors))
运算放大器(Operational Amplifiers)	单路运算放大器(Single) 二路运算放大器(Dual) 三路运算放大器(Triple) 四路运算放大器(Quad) 八路运算放大器(Octal) 理想运算放大器(Ideal) 大量使用的运算放大器(Macromode)

续表

元件分类	元件子类
光电子类器件(Optoelectronics)	7段数码管(7-Segment Displays) 英文字符与数字符号液晶显示器(Alphanumeric LCDs) 条形显示器(Bar-graph Displays) 点阵显示屏(Dot Matrix Displays) 图形液晶(Graphical LCDs) 灯泡(Lamp) 液晶控制器(LCD Controllers) 液晶面板显示器(LCD Panels Displays) 发光二极管(LEDs) 光耦元件(Optocouplers) 串行液晶(Serial LCDs)
可编程逻辑电路与现场可编程门阵列(FPGA & CPLD)	无子分类
电阻(Resistors)	0.6W 金属膜电阻(0.6Watt Metal Film) 10W 绕线电阻(10Watt Wirewound) 2W 金属膜电阻(2 Watt Metal Film) 3W 金属膜电阻(3 Watt Metal Film) 7W 金属膜电阻(7 Watt Metal Film) 通用电子符号(Generic) 高压电阻(High Voltage) 负温度系数热敏电阻(NTC) 排阻(Resistor Packs) 滑动变阻器(Variable) 可变电阻(Varistor)
仿真源(Simulator Primitives)	触发器(Flip-Flops) 门电路(Gates) 电源(Sources)
扬声器与音响设备(Speakers & Sounders)	无子分类
开关与继电器(Switches & Relays)	键盘(Keypads) 普通继电器(Generic) 专用继电器(Relays(Specific)) 按键与拨码开关(Switches)
开关器件(Switching Devices)	双端交流开关(DIACs) 普通开关元件(Generic) 可控硅(SCRs) 三端可控硅(TRIACs)
热阴极电子管(Thermionic Valves)	二极真空管(Diodes) 三极真空管(Triodes) 四极真空管(Tetrodes) 五极真空管(Pentodes)

续表

元件分类	元件子类
转换器(Transducers)	压力传感器(Pressure) 温度传感器(Temperature)
晶体管(Transistors)	双极性晶体管(Bipolar) 普通晶体管(Generic) 绝缘栅场效应管(IGBT/Insulate Gate Bipolar Transistors) 结型场效应晶体管(JFET) 金属—氧化物半导体场效应晶体管(MOSFET) 射频功率 LEMOS 晶体管(RF Power LDMOS) 射频功率 VDMOS 晶体管(RF Power VDMOS) 单结晶体管(Unijunction)
CMOS 4000 系列(CMOS 4000 Series) TTL 74 系列(TTL 74 Series) TTL 74 增强型低功耗肖特基系列 (TTL 74ALS Series) TTL 74 增强型肖特基系列 (TTL 74AS Series) TTL 74 高速系列(TTL 74F Series) TTL 74HC 系列(TTL 74HC Series) TTL 74HCT 系列(TTL 74HCT Series) TTL 74 低功耗肖特基系列 (TTL 74LS Series) TTL 74 肖特基系列(TTL 74S Series)	加法器(Adder) 缓冲器/驱动器(Buffer & Drivers) 比较器(Comparators) 计数器(Counters) 解码器(Decoders) 编码器(Encoders) 触发器/锁存器(Flip-Flop & Latches) 分频器/定时器(Frequency Dividers & Timer) 门电路/反相器(Gates & Inverters) 数据选择器(Multiplexers) 多频振荡器(Multivibrators) 振荡器(Oscillators) 锁相环(Phrase-Locked-Loops, PLL) 寄存器(Registers)
CMOS 4000 系列(CMOS 4000 Series) TTL 74 系列(TTL 74 Series) TTL 74 增强型低功耗肖特基系列 (TTL 74ALS Series) TTL 74 增强型肖特基系列 (TTL 74AS Series) TTL 74 高速系列(TTL 74F Series) TTL 74HC 系列(TTL 74HC Series) TTL 74HCT 系列 (TTL 74HCT Series) TTL 74 低功耗肖特基系列 (TTL 74LS Series) TTL 74 肖特基系列(TTL 74S Series)	信号开关(Signal Switches) 收发器(Transceivers) 杂类逻辑芯片(Misc. Logic)

附表2

ANSI C 标准规定的32个关键字

关键字	用途	说明
auto	存储种类说明	常用于说明局部变量,此为默认值
break	程序语句	无条件退出程序最内层循环
case	程序语句	switch 语句中的选择项
char	数据类型说明	单字节整数型数据或字符型数据
const	存储类型说明	定义不可更改的常量值
continue	程序语句	中断本次循环,并转向下一次循环
default	程序语句	switch 语句中的默认选择项
do	程序语句	用于构成 do...while 循环结构
double	数据类型说明	定义双精度浮点型数据
else	程序语句	用于构成 if...else 选择程序结构
enum	数据类型说明	枚举
extern	存储类型说明	在其他程序模块中说明了的全局变量
float	数据类型说明	定义单精度浮点型数据
for	程序语句	构成 for 循环语句
goto	程序语句	构成 goto 转移语句
if	程序语句	用于构成 if...else 选择程序结构
int	数据类型说明	定义基本整数型数据
long	数据类型说明	定义长整数型数据
register	存储类型说明	定义 CPU 内部寄存器变量
return	程序语句	用于返回函数的返回值
short	数据类型说明	定义短整数型数据
signed	数据类型说明	有符号数,二进制数中最高位为符号位
sizeof	运算符	计算表达式或数据类型的占用字节数

续表

关键字	用途	说明
static	存储类型说明	定义静态变量
struct	数据类型说明	定义结构类型数据
switch	程序语句	构成 switch 选择结构
typedef	数据类型说明	重新定义数据类型
union	数据类型说明	联合类型数据
unsigned	数据类型说明	定义无符号数据
void	数据类型说明	定义无类型数据
volatile	数据类型说明	该变量在程序执行中可被隐含地改变
while	程序语句	用于构成 do...while 或 while 循环结构

附表 3

C51 扩展的关键字

关键字	用途	说明
bit	位标量声明	声明一个位变量或位类型的函数
sbit	位标量声明	声明一个可位寻址的变量
sfr	特殊功能寄存器声明	声明一个 8 位的特殊功能寄存器
sfr16	特殊功能寄存器声明	声明一个 16 位的特殊功能寄存器
data	存储器类型说明	直接寻址的单片机内部数据存储器
bdata	存储器类型说明	可位寻址的单片机内部数据存储器
idata	存储器类型说明	间接寻址的单片机内部数据存储器
pdata	存储器类型说明	分页寻址的单片机内部数据存储器
xdata	存储器类型说明	单片机外部数据存储器
code	存储器类型说明	单片机程序存储器
interrupt	中断函数说明	定义一个中断函数
reentrant	再入函数说明	定义一个再入函数
using	存储器组定义	定义单片机的工作寄存器

参考文献

[1] 王欣置,钟爱琴,王雷,王闪. AT89系列单片机原理与接口技术[M]. 北京：北京航空航天大学出版社,2004.
[2] 徐仁贵,廖哲智. 单片机微型计算机应用技术[M]. 北京：机械工业出版社,2001.
[3] 赵建领. 51系列单片机开发宝典[M]. 北京：电子工业出版社,2007.
[4] 周兴华. 手把手教你学单片机C程序设计[M]. 北京：北京航空航天大学出版社,2007.
[5] 彭伟. 单片机C语言程序设计实训100例——基于8051＋Proteus仿真[M]. 北京：电子工业出版社,2009.
[6] 孙涵芳,徐爱卿. MCS-51/96系列单片机原理及应用(修订版)[M]. 北京：北京航空航天大学出版社,1996.
[7] 谢自美. 电子线路综合设计[M]. 武汉：华中科技大学出版社,2006.
[8] 徐爱钧. 单片机原理实用教程——基于Proteus虚拟仿真[M]. 北京：电子工业出版社,2009.
[9] 王欣之,王雷,翟成,王闪. 单片机应用系统抗干扰技术[M]. 北京：北京航空航天大学出版社,1999.
[10] 张洪润,蓝清华. 单片机应用技术教程[M]. 北京：清华大学出版社,1997.